Le principe cosmosphérique

Une modélisation systémique de l'Univers

PAUL TALBOT

 v5 ISBN 978-2-9819000-2-9

À Yeshoua, Jésus et Isa

AVANT-PROPOS

Ce livre traite essentiellement de cosmologie. Bien que certains aspects physiques et mathématiques y soient abordés, il s'agit d'abord d'une démarche conceptuelle, ce qui implique des considérations d'ordres philosophiques et historiques du sujet. Il cherche à établir un pont entre la métaphysique et la physique, et suggère une remise en question de l'interprétation strictement objective de la cosmologie contemporaine. Pour ce faire, une approche systémique est utilisée. L'Univers n'est donc plus considéré comme un simple objet, mais bien comme un système articulé autour d'un nouveau principe unificateur : le principe cosmosphérique.

En rédigeant cet ouvrage, je cherche simplement à exposer comment je perçois le monde après plusieurs années de recherches et de réflexions sur le sujet. Dans un domaine aussi vaste et complexe que la cosmologie, je crois utile d'ajouter à la rigueur scientifique, certaines notions provenant d'autres disciplines dont l'ontologie, la théologie et l'histoire de la philosophie de la nature.

La physique moderne nous propose l'image d'un Univers dénué de sens et de but. Il se serait créé tout seul, sorti par hasard de nulle part. Il serait régi par une entropie croissante qui devrait logiquement conduire au chaos. Au lieu de cela, il aurait engendré des êtres vivants et conscients, toujours par hasard. Notre existence même serait dénuée de sens, et le libre arbitre que nous croyons exercer ne serait qu'une illusion. En effet, l'Univers étant déterministe, le futur existerait déjà, quelque part dans un espace-temps prédéterminé.

Cet ouvrage soutient que cette lecture déconcertante de notre réalité repose sur des hypothèses injustifiées.

Plusieurs estiment que la cosmologie moderne est en crise. Singularité initiale, inflation éternelle, univers et mondes multiples, vitesses supraluminiques, matière noire exotique, énergie noire, dimensions supplémentaires et univers simulés ne sont que des exemples qui illustrent l'impasse dans laquelle la cosmologie est aujourd'hui plongée. Malgré plusieurs hypothèses qui sont souvent invérifiables, on ne parvient toujours pas à expliquer simplement les observations cosmologiques et le monde qui nous entoure.

Deux livres de l'astrophysicien, historien et philosophe Thomas Lepeltier pourraient contribuer à expliquer ma démarche. (La face cachée de l'Univers - Une autre histoire de la cosmologie, 2014) expose les raisons historiques et méthodologiques qui expliquent un scepticisme persistant et croissant envers certains éléments du paradigme cosmologique moderne. Un ouvrage plus récent (L'Univers existe-t-il?, 2021) conteste la pertinence même de poser l'Univers comme objet d'étude purement scientifique.

Il est légitime de se questionner sur les limites de la méthode scientifique dans ce domaine. L'univers observable est par définition unique. On ne peut donc pas recréer un univers en laboratoire, observer son évolution et répéter l'expérience. De plus, notre fenêtre d'observation sur le Cosmos est minuscule par rapport aux dimensions de l'univers observable. Les observations pertinentes sont effectuées dans les limites du système solaire depuis quelques décennies seulement.

En ce qui concerne ce qui n'est pas observable, on peut formuler des hypothèses, mais celles-ci ne relèvent pas vraiment de la science, puisqu'on ne peut ni les corroborer ni les réfuter par l'observation.

Pour ces raisons, j'estime que la science à elle seule ne permet pas de traiter efficacement la question cosmologique. Pour pouvoir progresser dans ma compréhension du Cosmos, je crois requis de prendre du recul et de reconsidérer certains concepts fondamentaux tels que le temps et l'espace. Ce questionnement ontologique m'a conduit naturellement au concept de Cosmosphère et au principe qui en découle.

Faisant feu de tout bois, j'apprécie particulièrement l'information provenant de l'encyclopédie libre Wikipédia. Je profite de l'occasion pour saluer la contribution des bénévoles qui savent souvent rendre accessible, une information autrefois réservée aux spécialistes.

Je salue également les travaux des spécialistes du domaine qui prennent la peine de vulgariser un contenu souvent difficile d'accès, avec mentions particulières pour Sir Roger Penrose (The Road to Reality, 2004) et à MM. Luke A. Barnes et Geraint F. Lewis (The Cosmic Revolutionary's Handbook, 2020).

Les références et les citations que contient cet ouvrage ne signifient aucunement que ces auteurs partagent les opinions émises ou les hypothèses formulées.

INTRODUCTION

Depuis environ un siècle, la physique moderne a amorcé une remise en question de la réalité objective. À une échelle très petite, on rencontre un minimum : le quantum d'action. Certains phénomènes microscopiques ne peuvent plus être décrits exclusivement en termes de particules matérielles ou d'ondes. De nouveaux concepts tels que l'état quantique, la fonction d'onde et la probabilité de présence permettent de décrire les phénomènes avec une grande précision, mais la correspondance de ces concepts avec notre réalité macroscopique reste difficile à établir.

À la suite de récentes observations astrophysiques, de nouvelles entités exotiques comme la matière noire et l'énergie noire ont fait leur apparition. L'existence de ces entités repose sur l'interprétation des observations à la lumière des théories et hypothèses actuelles, mais dans les faits, on en sait très peu de choses. Pour rendre compte de plusieurs phénomènes à différentes échelles, cet ouvrage suggère l'existence d'un maximum : la Cosmosphère.

Nous vivons une époque fertile en matière de cosmologie, et de nouveaux modèles sont continuellement proposés. Voici trois raisons pour lesquelles un esprit curieux pourrait s'intéresser au principe cosmosphérique :

- Il implique une ontologie cohérente, et s'appuie sur elle;
- Il explique plusieurs phénomènes, aujourd'hui mal compris ;
- Il démontre un haut niveau de conformité à l'observation.

Bien que le langage utilisé soit relativement accessible, certaines sections supposent des connaissances en sciences et en philosophie. Plus spécifiquement, certaines notions de physique, d'astronomie, d'ontologie et d'épistémologie sont utilisées.

Malgré son appellation, le principe cosmosphérique n'est ni géocentrique ni anthropocentrique ; ce n'est pas un retour au monde clos de l'antiquité, centré sur l'humanité. Les habitants d'une galaxie lointaine ou d'une autre époque cosmique pourraient très bien faire usage de ce principe pour expliquer le monde qui les entoure. Vu sous cet angle, le principe cosmosphérique revêt une certaine forme d'universalité : il est supposé valide en tout temps et en tout lieu. Les références à l'histoire de la pensée cosmologique visent essentiellement à mieux cerner l'évolution des concepts menant à la formulation de ce principe.

Toutefois, le principe cosmosphérique est incompatible avec le principe copernicien. Il rejette l'homogénéité spatiale et l'uniformité de l'écoulement du temps. Il attribue à l'observateur un rôle central dans le processus d'observation, et propose une vision très différente du cosmos. Comme il implique un paradigme alternatif à celui du big bang, une certaine ouverture d'esprit facilitera l'assimilation des concepts et principes proposés.

Cet ouvrage ne traite pas seulement de l'Univers, mais aussi de la façon dont nous le percevons, du prisme à travers lequel nous l'observons. Ce qui est remis en cause, ce ne sont pas les observations comme telles, mais bien l'interprétation que nous en faisons.

La démarche utilisée cherche à s'affranchir de certaines formes de biais cognitifs, dont le dogme du réalisme objectif. Elle suppose le maintien d'un doute raisonnable sur les prétendues évidences ou autres idées reçues. Lorsque requis, celles-ci seront soumises au test du raisonnement et de l'observation. C'est une invitation à une réflexion structurée sur notre perception du monde.

Le principe cosmosphérique s'inspire d'un système métaphysique introduit par le cardinal Nicolas de Cues au moyen âge. Cette métaphysique porte le nom de *« Docte ignorance »* et comporte un volet cosmologique qui s'appuie sur une théologie panenthéiste dans une perspective chrétienne. Les racines de cette théologie remontent elles-mêmes à l'antiquité. Le système cosmologique décrit dans cet ouvrage est compatible avec l'existence d'un Dieu personnel et transcendant qui entretient une relation particulièrement féconde avec l'Univers qu'il a lui-même engendré.

Je vous souhaite un bon voyage dans cette vision captivante du cosmos qu'est l'Univers cosmosphérique.

Les limites et les attentes escomptées

Le principe cosmosphérique fournit une interprétation cohérente du temps, de l'espace, de la masse et du mouvement. Il permet d'expliquer plusieurs phénomènes aux échelles cosmologiques, macroscopiques et quantiques. Son pouvoir explicatif est toutefois limité. Par exemple, l'Univers semble doté de propriétés d'émergence et d'auto-organisation. Il a permis l'évolution de la complexité et de la vie, jusqu'à des formes aussi évoluées que l'être humain et tout ce que celui-ci a pu réaliser. Ces questions très importantes ne sont abordées que partiellement dans cet ouvrage.

À lui seul, le principe cosmosphérique n'explique pas l'ensemble des forces de la nature et les particules qui y sont associées. Ce n'est pas une théorie du tout, mais simplement le résultat d'une démarche conceptuelle qui tente d'appliquer les principes de l'approche systémique à l'Univers dans son ensemble. À cause de l'amplitude du sujet traité et de mes connaissances limitées, certaines hypothèses formulées peuvent à juste titre être qualifiées de spéculatives. J'estime toutefois que certaines d'entre elles méritent réflexion, car elles sont cohérentes et corroborées par l'observation.

Le système cosmosphérique pourrait servir d'armature à ceux qui voudraient poursuivre dans cette voie. La cosmologie systémique pourrait intéresser plusieurs catégories de spécialistes, dont des physiciens, philosophes, historiens, mathématiciens ou théologiens.

Le contenu et la structure du texte

La rédaction du texte vise une introduction progressive au concept de Cosmosphère, à ses propriétés et au principe qui en découle. L'argumentation est tantôt philosophique, historique, physique ou mathématique. L'objectif final étant d'illustrer l'interprétation cosmosphérique des phénomènes, certaines observations ciblées, supportant cette interprétation, sont incluses dans le texte.

On y retrouve un système cosmologique qui comporte des hypothèses, des concepts et des relations compatibles entre elles, ainsi qu'une modélisation des grandeurs physiques basée sur ce système. L'hypothèse cosmosphérique implique que le passé de l'Univers différerait sensiblement de ce que nous suggèrent les théories conventionnelles. Il en va de même pour le futur de l'Univers à très long terme. Ce livre comporte un volet exploratoire qui tente d'extrapoler certains aspects de ce passé et de ce futur cosmosphériques.

La notation des grandeurs physiques et des unités

La notation utilisée pour les grandeurs physiques et les unités est généralement conforme au « Système International d'unités » (SI). Les valeurs utilisées pour les constantes physiques sont celles du CODATA 2018, et sont listées à l'annexe A.

Concernant les grandeurs astronomiques, cet ouvrage suit les recommandations de l'Union astronomique internationale (UAI). L'unité de temps « année julienne» (notée a) est d'une durée de 365,25 jours. L'unité astronomique (notée au) est la distance approximative qui sépare la terre du soleil. Sa valeur est exactement de 149 597 870,7 km.

L'année-lumière (notée al) correspond à la distance parcourue par la lumière dans le vide pendant une année julienne. Cette distance est d'environ 63 241 au, soit 9 460 730 472 580,8 km. Le parsec (noté pc) est parfois utilisé et correspond à une distance de 206 264,8 au, soit environ 3,261 6 al.

En conformité avec le SI, et pour éviter toute ambiguïté, le terme billion n'est pas utilisé dans cet ouvrage. J'utilise plutôt le terme milliard dont la valeur est de 10^9 unités. Le préfixe G (pour giga) est aussi utilisé.

La perspective constructiviste

Nous sommes tous, consciemment ou non, influencés par nos croyances sur le monde qui nous entoure. Plusieurs croient, par exemple, en l'existence d'une réalité objective, indépendante de tout observateur. Des lois physiques et des équations mathématiques permettraient de décrire cette réalité. Il s'agit du physicalisme, une version moderne du matérialisme.

Les cosmologies réalistes formulent des assertions sur la nature même de l'Univers : un objet géométrique, une équation mathématique, un ordinateur quantique, un hologramme, ou autres choses du genre. L'Univers fut longtemps considéré comme un mécanisme d'horlogerie dont les rouages s'agençaient parfaitement. Dans les faits, l'Univers semble partager certaines propriétés des exemples qui précèdent. Personne ne nie, par exemple, que les astres constituent naturellement une horloge, un calendrier ou une boussole. C'est plutôt l'interprétation restrictive de ces concepts qui pose problème. Si on limite notre perception de l'Univers à l'une de ces notions, alors cette perception est forcément incomplète.

Le point de vue philosophique adopté dans cet ouvrage est différent. Tout en reconnaissant l'existence d'une réalité dont l'observateur fait partie, il considère que nous n'avons pas directement accès à cette réalité (la chose en soi selon Kant). Toutefois, nos sens et les concepts que nous forgeons nous permettraient de l'appréhender, du moins partiellement par l'entremise du phénomène. C'est ce qui explique qu'on puisse concevoir l'Univers de différentes façons. Cette perspective philosophique est le constructivisme. Si la science et la technologie nous ont permis d'élargir le spectre de nos perceptions, et de préciser les observations, l'évolution des concepts est un domaine distinct, ce qui motive en grande partie cet ouvrage.

On attribue à Spinoza l'expression : *« Le concept de chien n'aboie pas ».* L'objectif n'est donc pas de décrire la réalité en soi, mais bien de se la représenter (ou de la concevoir), de façon à pouvoir rendre compte des phénomènes de façon cohérente.

Dans son ouvrage *« De la vérité dans les sciences »*, l'astrophysicien et philosophe Aurélien Barrau écrit :

« La vérité est évidemment un guide nécessaire qu'il ne faut d'aucune manière récuser, mais elle est elle-même dépendante d'un système de pensée partiellement construit...

La science est une manière de faire un monde, parmi d'autres possibles. Elle est cohérente et convaincante, elle est belle et rationnelle, mais n'entretient pas nécessairement de lien privilégié avec la vérité ou avec l'en-soi du réel. » (Barrau, 2016)

C'est pour cette raison que le texte est souvent rédigé au conditionnel, soulignant par là que ce qui est formulé dépend du point de vue adopté (le point de vue cosmosphérique), et ne réfère pas à une réalité objective, unique et absolue. Toutefois, le conditionnel est parfois omis de façon à ne pas alourdir le texte. Globalement, on peut considérer que le système cosmosphérique relève d'une épistémologie kantienne.

L'approche systémique et la modélisation

La systémique est une approche globale qui considère le système comme un tout dont la dynamique est assurée par une interaction continuelle de ses composantes. C'est dans ce sens qu'on dit que le tout n'est pas réductible à la somme de ses parties. Par exemple, le corps humain ne se limite pas à l'assemblage d'un tronc, d'une tête, de bras et de jambes. La systémique ne le réduit pas davantage à un assemblage d'organes, de cellules, de molécules ou d'atomes. On l'assimile plutôt à un système complexe dont le fonctionnement harmonieux nécessite l'interaction continuelle de plusieurs sous-systèmes interdépendants : nerveux, sanguin, musculaire, digestif... La systémique vise ainsi à dépasser les limites de la méthode analytique et autres formes de réductionnisme. L'objectif est la modélisation, c'est-à-dire la représentation d'une réalité complexe à l'aide d'un modèle simplifié. Le philosophe et scientifique Alfred Korzybski illustre ainsi le caractère non réaliste de la modélisation : « *Une carte n'est pas le territoire* ». La modélisation définit certains concepts, et les fait interagir de façon à représenter le fonctionnement cohérent et efficace d'un système. Idéalement, cette représentation sera simple et esthétique.

Le casse-tête cosmologique

On peut comparer la modélisation cosmologique à l'assemblage d'un casse-tête dont plusieurs morceaux seraient manquants. On a aussi l'impression que certains morceaux sont dépareillés ou excédentaires. La systémique permet de se forger une image globale du casse-tête, celle qu'on retrouve habituellement sur le couvercle de la boîte. Sans cette image globale, il est difficile d'agencer correctement ce qu'on possède pour former un tout cohérent. En revanche, si on dispose d'une telle image, on peut tenter d'imaginer les morceaux manquants qui permettraient d'intégrer harmonieusement ceux qui nous semblent dépareillés.

Par exemple, le système proposé doit pouvoir concilier les observations relativistes et celles de la physique quantique. Autrement dit, il faut pouvoir expliquer pourquoi la vitesse de la lumière constitue un maximum physique, alors que le quantum d'action correspond à un minimum indivisible. Les théories conventionnelles posent ces axiomes sur la base de l'observation, mais ne fournissent pas vraiment d'explication. C'est une limite inhérente à la méthode scientifique. Pour cette tâche laborieuse, je crois utile d'utiliser tous les outils et ressources disponibles. On peut faire appel à l'imagination dans une démarche structurée. L'évolution de la pensée cosmologique peut aussi être mise à contribution. Les penseurs modernes, mais aussi ceux de l'antiquité et du moyen âge ont peut-être quelque chose à nous apprendre sur cette image globale et ces morceaux de casse-tête manquants.

Le processus de conception de système

On peut aussi assimiler la modélisation cosmologique à un processus d'optimisation. On cherche à maximiser la cohérence, l'efficacité, la simplicité et l'esthétique du système à l'aide d'un minimum d'hypothèses, de concepts et de principes, compatibles entre eux. Il s'agit en fait d'une généralisation du principe de simplicité ou rasoir d'Ockham, qui suggère que l'explication nécessitant le moins d'hypothèses soit la plus vraisemblable. Ce qu'un système cosmologique tente d'expliquer, c'est l'ensemble de tous les phénomènes observables, d'où la nécessité de restreindre le nombre d'hypothèses, de principes et de concepts.

Le processus utilisé est itératif, et sollicite l'imagination et le raisonnement dans un mode synergique. Les concepts et leurs interactions sont itérativement évalués par différents types de raisonnements (déduction, induction, abduction et intuition) en fonction de l'objectif : le fonctionnement cohérent, efficace, simple et esthétique du système. Selon les résultats de cette évaluation, ces concepts et leurs interactions sont soit conservés, écartés, modifiés ou réorganisés, de façon à améliorer le système. Au besoin, on introduira de nouveaux concepts ou principes qui pourront mieux rendre compte des phénomènes que d'autres, qui deviennent alors superflus. L'hypothèse de travail est qu'à force de resserrer l'étau conceptuel, le modèle résultant possédera les caractéristiques recherchées. Théoriquement, ce processus n'a pas de fin et le système est toujours perfectible.

La rédaction du texte cherche à produire un enchaînement structuré de raisonnements, mais la démarche en elle-même n'est pas linéaire. Le processus doit aussi être adapté au domaine auquel le système est destiné. Pour un système cosmologique, une attention particulière doit être portée à la conformité du modèle à l'observation. Une partie du travail consiste à établir des recoupements entre différentes observations, et à tenter de les expliquer à l'aide de certains concepts, principes ou théories déjà proposés. Le point de départ est l'assimilation des concepts généralement acceptés, et je ne peux ici que décrire l'état d'avancement de mes travaux.

Pour certains, cette démarche peut sembler inutile, mais il faut prendre en considération plusieurs facteurs. D'une part, les techniques de modélisation et d'architecture des systèmes ont grandement évolué. D'autre part, on dispose aujourd'hui d'une vaste panoplie d'observations de plus en plus variées et précises. Finalement, on peut miser sur une disponibilité accrue et rapide à l'information pertinente. Grâce à Internet, l'accès à cette information n'est souvent qu'à un clic de souris.

Les processus systémiques d'architecture, de conception et de modélisation sont des outils puissants qui permettent de cheminer efficacement vers une compréhension rationnelle et globale du Cosmos, en fournissant une représentation cohérente et unifiée de celui-ci.

Les principaux types de raisonnements utilisés

On peut résumer les principaux types de raisonnements (ou inférences) utilisés à l'aide des exemples suivants, inspirés du philosophe Charles Sanders Pierce.

Sur une table, il y a plusieurs haricots ainsi qu'un sac déjà ouvert :

La déduction :

- *Prémisse :* Ce sac contient des haricots blancs.
- *Prémisse :* Ces haricots proviennent de ce sac.
- *Conclusion :* Ces haricots sont blancs.

L'induction :

- *Prémisse :* Ces haricots proviennent de ce sac.
- *Prémisse :* Ces haricots sont blancs.
- *Conclusion probable :* Ce sac contient des haricots blancs.

L'abduction :

- *Prémisse :* Ce sac contient des haricots blancs.
- *Prémisse :* Ces haricots blancs proviennent d'un sac.
- *Conclusion probable :* Ces haricots blancs proviennent de ce sac.

Il existe plusieurs formes d'abduction, dont une qui se démarque des autres et que je qualifierais d'intuition.

L'intuition :

- *Prémisse :* Ce sac contient quelque chose.
- *Prémisse :* Ces haricots blancs proviennent de quelque part.
- *Conclusion probable (1) :* Ce sac contient des haricots blancs.
- *Conclusion probable (2) :* Ces haricots blancs proviennent de ce sac.

Ce qui distingue l'intuition des autres types d'inférences, c'est qu'il en résulte plusieurs conclusions probables et fortement corrélées. Dans l'exemple, on cherche à connaître à la fois le contenu du sac et la provenance des haricots. C'est le croisement de ces deux questionnements qui incite à conclure.

Si on suppose (1), alors on peut conclure (2) par abduction. Inversement, si on suppose (2), on peut conclure (1) par induction. Comme chacune des conclusions suppose l'autre par un raisonnement valide, on peut considérer cette forme d'intuition comme un type d'inférence valide.

En fait, la forte corrélation entre les deux conclusions découle d'une hypothèse implicite, mais non énoncée. Dans l'exemple, on suppose qu'un sac de haricots blancs aurait été manipulé près de la table, et qu'une partie de son contenu y aurait été déversé. Ce même sac aurait ensuite été laissé sur la table. Cette hypothèse unique permet alors d'expliquer plusieurs observations différentes, désormais reliées entre elles. Elle explique non seulement la provenance des haricots et le contenu du sac, mais aussi la présence de ceux-ci sur la table.

Toute démarche cosmologique implique un questionnement similaire sur le contenu de l'Univers et sur la provenance de ses composantes. Il est donc normal que le processus de modélisation cosmique fasse usage de cette forme intuitive de raisonnement.

L'évolution des concepts

Certains concepts sont utiles durant un certain temps, puis deviennent superflus par la suite. Par exemple, jusqu'au début du 20e siècle, le concept d'éther était utilisé pour expliquer la propagation des ondes lumineuses dans le vide et d'autres phénomènes agissant à distance. Il n'est pratiquement plus utilisé de nos jours. Le cas de l'éther n'est pas unique. On peut penser au phlogistique, fluide supposément responsable de la combustion, ou encore aux épicycles qui ont permis le maintien du géocentrisme durant plusieurs siècles. Peut-être qu'en reconsidérant la réalité objective à grande échelle, on pourrait s'affranchir de certains concepts plus ou moins éthérés.

Inversement, certains concepts, hypothèses ou théories sont écartés durant un certain temps, puis sont réhabilités par la suite. Par exemple, l'héliocentrisme était clairement postulé par Aristarque de Samos, 280 ans avant notre ère. Son disciple Archimède réfute cette hypothèse sur la base des observations de l'époque, et soutient le géocentrisme d'Aristote qui prévaudra durant plus de 18 siècles. Environ 400 ans avant notre ère, Démocrite imaginait un univers constitué d'atomes et de vide. Cet atomisme restera marginal et spéculatif jusqu'au début du 20e siècle.

Dans une démarche conceptuelle, il peut être utile de revisiter certains concepts mis sur une voie de garage. Les résultats de mes travaux suggèrent de reconsidérer le concept de Cosmosphère, peu connu et tombé dans l'oubli depuis plus de trois siècles.

LA DOCTE IGNORANCE ET LES GRANDEURS PHYSIQUES

Le rationalisme cartésien dont l'influence est omniprésente est ici mis en veille. On s'intéresse plutôt à la doctrine de Nicolas de Cues : la docte ignorance. Le concept de Cosmosphère y est présent, et le principe cosmosphérique s'inspire grandement de la docte ignorance. On peut considérer le système cosmosphérique comme un prolongement de la cosmologie cusaine, qui tiendrait compte des acquis de la science moderne. C'est pourquoi l'ontologie sous-jacente et l'interprétation physique des phénomènes diffèrent de celles des théories conventionnelles.

L'héritage de la docte ignorance

En 1440, Galilée n'a pas encore braqué sa lunette vers les astres, Copernic n'a pas publié son ouvrage et Christophe Colomb n'a pas encore foulé le sol des Amériques. Nous sommes au moyen âge et aucun de ces personnages n'est encore né. C'est dans ce contexte que le cardinal Nicolas Krebs (de Cues) rédige un ouvrage intitulé *« De la docte ignorance »*. La philosophie de Socrate y est ici érigée en système métaphysique. Comme pour plusieurs ouvrages médiévaux, la lecture de la docte ignorance peut être ardue ; le texte semble parfois obscur, voire erroné. Foi, métaphysique, mathématiques, philosophie de la nature, et certaines croyances hermétiques s'y enchevêtrent dans une mystique rhénane, héritée d'un néoplatonisme chrétien. Il ne s'agit donc pas d'un ouvrage scientifique, mais il est considéré comme précurseur à plusieurs égards.

Nicolas de Cues rompt avec la scolastique et la physique d'Aristote. Il décentre la terre du monde et la met en mouvement. Il fait voler en éclat la sphère des étoiles fixes, ce que Copernic n'osera pas faire un siècle plus tard :

« La terre, par conséquent, qui ne peut pas être le centre, n'est toutefois pas dépourvue de tout mouvement... Ainsi, de même que la terre n'est pas le centre du monde, de même, la sphère des étoiles fixes n'est pas sa circonférence... » (Cues, Docte ignorance, 2008, p. 161)

Près de deux siècles avant Galilée, Nicolas de Cues postule la relativité du mouvement :

« Pour nous, désormais, il est clair que la Terre se meut vraiment, même si cela n'apparaît pas à nos yeux. Nous n'appréhendons, en effet, le mouvement que par rapport à un point fixe. Par exemple, si quelqu'un, étant dans un bateau au milieu des eaux, ignorait que l'eau coule et ne voyait pas la rive, comment appréhenderait-il qu'il se meuve? Ainsi, il semblera toujours à celui qui est sur la Terre, dans le Soleil ou dans une autre étoile, qu'il est au centre immobile et que toutes les autres choses sont en mouvement. » (Cues, Docte ignorance, 2008, p. 165)

Nicolas de Cues n'identifie pas clairement les mouvements de rotation et de translation de la terre autour du soleil. Toutefois, il met la terre en orbite comme les autres astres, et stipule que ces orbites ne sont pas parfaitement circulaires, ce que Johannes Kepler confirmera au 17e siècle :

« Bien plus, ni le Soleil, ni la Lune, ni la Terre, ni aucune sphère, même si cela apparaît autrement à nos yeux, ne peuvent dans leur mouvement décrire un véritable cercle, parce qu'ils ne se meuvent pas autour d'un point fixe. » (Cues, Docte ignorance, 2008, p. 163)

« La figure de la Terre est donc noble et sphérique et son mouvement est circulaire, mais il pourrait être plus parfait. » (Cues, Docte ignorance, 2008, p. 166)

Il affirme l'existence d'êtres extraterrestres :

« Donc, les habitants des autres étoiles, quels qu'ils soient, n'ont aucune commune mesure avec les habitants de ce monde ... Dès lors, comme toute cette région nous est inconnue, ces habitants restent totalement inconnus. » (Cues, Docte ignorance, 2008, p. 169)

Peut-être même intelligents :

« Ou bien est-ce que les formes d'une région quelconque reposent dans une forme plus haute, à savoir la forme intellectuelle, et à travers celle-ci atteignent la fin qui est celle du monde? » (Cues, Docte ignorance, 2008, p. 171)

Depuis Aristote, on croyait que le Cosmos était divisé en deux zones : une zone sublunaire, corruptible et régie par la physique terrestre; et une zone supralunaire, incorruptible et régie par des lois célestes. Nicolas de Cues s'est clairement affranchi du dogme de l'incorruptibilité du monde supralunaire :

« En effet, l'univers étant unique et toutes les étoiles particulières exerçant les unes sur les autres, des influx proportionnés, il ne nous sera pas possible de maintenir avec certitude que quelque chose soit corruptible totalement ou le soit selon un autre mode d'être... » (Cues, Docte ignorance, 2008, p. 170)

Il avait compris que le soleil n'est qu'une étoile parmi d'autres, et la terre, un astre parmi d'autres. Pour lui, tous ces astres sont en mouvement, s'influencent mutuellement et décrivent des orbites plus ou moins circulaires. De plus, ces astres abriteraient différentes formes de vie extraterrestre. On peut se demander pourquoi et comment, un homme de foi comme Nicolas de Cues a bien pu formuler de telles hypothèses dans un contexte hautement dogmatique et dépourvu d'observations probantes. C'est sans doute dû à sa grande érudition et à l'information privilégiée à laquelle il avait accès, mais peut-être aussi, à la doctrine même qu'il enseignait :

« Les anciens ne sont pas parvenus jusqu'à tout ce que nous venons de dire, parce que la docte ignorance leur a fait défaut. » (Cues, Docte ignorance, 2008, p. 165)

La docte ignorance nous invite à prendre conscience des limites de notre connaissance. Cette prise de conscience facilite l'assimilation de certains concepts et principes, qu'on aurait tendance à rejeter à priori, en raison de leur étrangeté apparente. Cette perception ne résulte souvent que de l'incompatibilité de ces concepts et principes, avec d'autres qu'on tient pour acquis. Autrement dit, notre compréhension même des phénomènes est limitée par notre prétendu savoir. En se confortant dans ses certitudes, l'être humain se retrouve piégé par ses propres croyances. C'est ce qui explique, par exemple, pourquoi une hypothèse erronée comme le géocentrisme a pu perdurer si longtemps. La psychologie moderne identifie aujourd'hui cette condition comme un biais cognitif : le biais de croyance qui vise précisément à éviter la dissonance cognitive.

Il est acquis que la science et la technologie ont transformé notre îlot de connaissance humaine en supercontinent d'érudition. Toutefois, si l'océan d'ignorance dans lequel baigne cette connaissance est immense, alors notre savoir limité n'est rien en comparaison. En s'élevant de plus en plus au-dessus de cette Pangée du savoir, celle-ci redevient une île, un îlot, puis finalement un point invisible et tout à fait négligeable. L'omniscience humaine n'est plus qu'une chimère et comme Socrate, nous pouvons savoir que nous ne savons pas.

Le Maximum et le Minimum de la docte ignorance

La docte ignorance introduit deux concepts fondamentaux dont s'inspire le système cosmosphérique :

- Le Maximum est ce qui ne peut être plus grand ;
- Le Minimum est ce qui ne peut être plus petit.

Ces limites seraient à la fois physiques, absolues et transcendantes :

« Or tout ce qui est mesurable tombe entre le maximum et le minimum. » (Cues, Docte ignorance, 2008, p. 78)

« Le Maximum et le Minimum, tels qu'ils sont entendus dans cet ouvrage, sont des termes transcendants, d'une signification absolue, de telle sorte qu'ils embrassent toutes les choses dans leur simplicité absolue, par-delà toute contradiction dans une quantité de masse ou de force. » (Cues, Docte ignorance, 2008, p. 47)

Ce Maximum et ce Minimum cusains coïncident entre eux et avec l'unité. Ils transcendent toute forme d'opposition, d'affirmation ou de négation. Contrairement aux autres grandeurs, ils ne sont plus régis par le principe de non-contradiction d'Aristote, mais plutôt par celui de *« coïncidence des opposés »* qui constitue l'essence de la pensée cusaine. Sur son site WEB, le philosophe Jean-Marie Nicolle, spécialiste de la question, résume ainsi l'objet de ce principe :

« La coïncidence des opposés a pour fonction cognitive de trouver le lien entre la diversité du réel et l'unité du principe supérieur, dans une démarche résolutive ascendante. » (Nicolle, s.d.)

Cet ouvrage suggère que Nicolas de Cues ait vu juste, et qu'il ait anticipé l'existence d'un maximum et d'un minimum physiques. Ces entités seraient effectivement régies par une certaine forme de coïncidence des opposés, ce qui leur confère un statut particulier.

Le quantum d'action (noté h) semble correspondre au concept de minimum physique. Étrangement, cette entité minimale semble induire certaines propriétés paradoxales des systèmes quantiques. Par exemple, le principe de superposition quantique nous dit que l'état d'un système quantique possède simultanément plusieurs valeurs dont une seule s'actualise lors de l'observation. Pour illustrer l'étrangeté de ce principe, Erwin Schrödinger nous propose l'image d'un chat qui serait à la fois mort et vivant! On peut interpréter la superposition quantique comme une forme de coïncidence de valeurs opposées (ou mutuellement exclusives).

De plus, on observe que dans tout système physique isolé, la grandeur associée à ce minimum quantique (l'action) est régie par un principe minimum : le principe de moindre action. Cela signifie que peu importe ce qui se produit, le nombre de quanta résultants est toujours minimal, ce qui est pour le moins intrigant.

Dans le même ordre d'idée, Werner Heisenberg, l'instigateur du principe d'incertitude, écrivait au siècle dernier :

« Je considère que l'ambition de dépasser les contraires incluant une synthèse qui embrasse la compréhension rationnelle et l'expérience mystique de l'unité est la quête de notre époque. »

Si en lisant ce livre, certains propos vous semblent divergents, je vous suggère de poursuivre jusqu'à la section *« Au-delà des contraires »* qui fournit les explications requises.

En ce qui concerne le Maximum, Nicolas de Cues l'associe explicitement à la sphère maximum (la Cosmosphère), entité unique qui englobe le cosmos. Ce Maximum serait lui-même le principe et la mesure de l'univers et de tout ce qu'il contient.

Les grandeurs physiques et leurs limites

Inspirés du Minimum et du Maximum cusains, il convient ici d'introduire les concepts de grandeur physique, de minimum absolu et de maximum absolu. Ces concepts sont essentiels à la compréhension de cet ouvrage.

Une grandeur physique serait une grandeur qui possède une dimension physique. Par exemple, une durée, une longueur, une surface, une vitesse, une masse ou une force seraient des grandeurs physiques. Toutefois, un angle, un indice ou une quantité numérique comme une mole ne possède pas de dimension physique. Dans cet ouvrage, le concept de grandeur physique est restreint. Il exclut les grandeurs sans dimension. L'hypothèse de base est que le champ de la physique doit se limiter aux phénomènes en principe observables, c'est-à-dire ceux qu'on pourrait théoriquement mesurer. Conformément à la docte ignorance, et afin de préserver les grandeurs physiques des incohérences inhérentes aux valeurs infinies, celles-ci seraient limitées minimalement et maximalement :

- Le maximum absolu d'une grandeur physique est la valeur maximale et finie que cette grandeur peut posséder. Par exemple, la vitesse est une grandeur limitée maximalement, et son maximum absolu est la vitesse de la lumière dans le vide (notée c).
- Le minimum absolu d'une grandeur physique est la valeur minimale et non nulle que cette grandeur peut posséder. Par exemple, l'action est une grandeur limitée minimalement, et son minimum absolu est le quantum d'action (noté h).

Il faut distinguer le minimum absolu d'une valeur nulle. Par exemple, on sait que la température ne peut être inférieure à -273,15 °C ou zéro Kelvin (0 K). Cette valeur n'est pas le minimum absolu de la grandeur Température, mais correspond plutôt à une absence totale de chaleur, ce qui est physiquement hors d'atteinte. Il existerait donc une température minimum, mais supérieure à 0 K.

On semble présumer que les exemples précédents sont des exceptions, et que les grandeurs physiques sont généralement illimitées. Cette croyance résulterait en partie du fait que les limites physiques sont soit très grandes, soit très petites. Il est relativement récent que certaines d'entre elles ont été mises au jour.

Le terme générique qui réfère soit au minimum, soit au maximum est « extremum ».

L'argument ontologique

L'argument ontologique pose que pour être en principe observable et mesurable, une grandeur physique doit exister et être finie. L'infini étant par définition incommensurable, ce concept ne relèverait pas de la physique. Les grandeurs physiques seraient donc limitées maximalement. Par exemple, l'âge de l'univers serait fini parce qu'on ne peut pas mesurer une durée infinie.

De même, il est hasardeux d'attribuer une propriété physique à une entité qui en est dépourvue. Lorsqu'on ferme le robinet, peut-on considérer que le débit d'eau devient nul? On peut toujours considérer les choses selon différents points de vue, car c'est le propre du processus de conception. Ce que l'argument ontologique cherche à exposer, c'est qu'affirmer l'existence physique d'un débit d'eau là où il n'y en a pas n'est peut-être pas le point de vue qui nous éclaire le plus.

L'argument de la grandeur inverse

Telles que définies, les grandeurs physiques sont inversibles. Pour obtenir l'inverse d'une grandeur physique, il suffit de changer le signe (±) des exposants dimensionnels qui la caractérisent. Par exemple, dans le système dimensionnel MLT (M : Masse, L : Longueur, et T : Temps) la dimension de la vitesse est LT^{-1} (ou L/T). La dimension de la vitesse inverse est donc $L^{-1}T$ (ou T/L).

Si une grandeur physique est limitée par un maximum, alors la grandeur inverse est limitée minimalement par l'inverse de ce maximum et vice-versa. Par exemple, la vitesse inverse est limitée minimalement par l'inverse de la vitesse de la lumière ($c^{-1} \approx 3{,}335\,641$ ns/m). Cela signifie qu'il est impossible de parcourir une distance d'un mètre en moins de 3,335 641 ns. La vitesse maximum et la vitesse inverse minimum ne sont que deux façons d'exprimer une même limite physique.

Cette vitesse inverse ne pouvant être infinie, elle serait elle-même limitée maximalement. L'inverse de ce maximum constituerait donc la limite minimum de toute vitesse. En appliquant ce raisonnement aux autres grandeurs physiques, on en conclut qu'elles sont toutes limitées minimalement et maximalement.

L'hypothèse du discontinu

Une hypothèse additionnelle est que les grandeurs physiques sont discontinues. En effet, l'évolution d'une telle grandeur est caractérisée par des changements d'état. Or, pour qu'on puisse observer ou mesurer un changement d'état, il doit exister une différence finie entre l'état initial et l'état final. Si on autorisait une grandeur physique à prendre une valeur infiniment petite, alors la grandeur inverse devrait pouvoir être infiniment grande, ce qui est exclu. De même, si on autorisait une grandeur physique à prendre une valeur nulle, alors la grandeur inverse devrait pouvoir être infinie, ce qui est également exclu. Pour reprendre l'exemple du robinet fermé, si on suppose l'existence physique d'un débit d'eau de 0 L/s, comment pourrait-on exprimer l'inverse de ce débit en s/L?

La convergence conceptuelle

L'hypothèse du discontinu, l'argument ontologique et celui de la grandeur inverse imposent de fortes contraintes sur le concept de grandeur physique. La suite du texte montre comment ce resserrement de l'étau conceptuel converge naturellement vers la notion de Cosmosphère, dont les propriétés conduisent tout aussi naturellement au principe cosmosphérique.

La non-additivité des vitesses

La non-additivité des vitesses est une propriété physique démontrée et vérifiée expérimentalement. En effet, si les vitesses étaient additives, alors la somme de certaines valeurs pourrait excéder le maximum de cette grandeur (c).

Pour faciliter la lecture du texte, j'appellerai la loi relativiste de composition des vitesses *« adjonction »* et je noterai cette opération $\tilde{+}$: *« presque plus, ou adjoint à »*.

Si a et b sont deux vitesses exprimées en unités maximums (c=1), alors l'équivalence entre l'adjonction et l'addition est :

$a \tilde{+} b \Leftrightarrow (a+b) / (1+ab)$

Par exemple :
$0{,}5 \tilde{+} 0{,}5 \Leftrightarrow (0{,}5 + 0{,}5) / (1 + 0{,}5 \cdot 0{,}5) = 1/1{,}25 = 0{,}8$
et non pas 1, comme le suggère l'addition. Cette équivalence résulte de l'application des transformations de Lorentz, qui sont utilisées par la relativité restreinte. Si on utilise des unités différentes, l'équivalence entre l'adjonction et l'addition subsiste, mais fait intervenir la vitesse maximum (c) :

$a \tilde{+} b \Leftrightarrow (a+b) / (1+ab/c^2)$.

Lorsque les vitesses impliquées sont beaucoup plus petites que celle de la lumière, le résultat de l'adjonction ($\tilde{+}$) est très proche de celui d'une addition (+). En réalité, le résultat de l'adjonction est toujours inférieur ou égal à celui de l'addition, ainsi qu'à la valeur de la vitesse maximum (c).

Les grandeurs physiques sont-elles additives ?

À l'exception de la vitesse, on assume généralement que les autres grandeurs physiques, comme les longueurs et les durées sont additives. C'est effectivement ce qu'on observe à l'échelle humaine, mais comment savoir si cette hypothèse demeure valide à l'échelle cosmologique ?

Selon la démarche utilisée, on ne peut pas considérer l'additivité des grandeurs physiques comme une connaissance scientifique qui va de soi. Il s'agit plutôt d'une croyance répandue qui doit être soumise au test du raisonnement et de l'observation. Le fait qu'on puisse additionner des pommes ou des moutons n'implique pas qu'on puisse faire de même avec des mètres ou des secondes.

Comme on observe qu'au moins une grandeur dérivée (la vitesse) n'est pas additive, il n'est pas justifié d'affirmer à priori que les longueurs et les durées, elles, le soient. Considérer ces grandeurs comme additives revient à supposer qu'elles ne soient pas limitées maximalement. Or, tant d'un point de vue physique que métaphysique, l'infinitude d'une durée ou d'une longueur est tout aussi problématique que celle d'une vitesse.

Grâce au raisonnement et à l'observation, on peut montrer que les grandeurs physiques ne sont pas additives. L'adjonction ($\tilde{+}$) précédemment décrite s'appliquerait à plusieurs autres grandeurs physiques, dont les longueurs et les durées.

La non-additivité des longueurs et des durées

Étonnamment, on peut démontrer que les longueurs et les durées ne sont pas additives.

Si les longueurs étaient additives, alors physiquement, on observerait :

- $(1\ \text{m} + 1\ \text{m}) = 2\ \text{m}$

En parcourant ces distances en une seconde, on observerait :

- $(1\ \text{m} + 1\ \text{m}) / 1\ \text{s} = 2\ \text{m} / 1\ \text{s}$

La division étant distributive par rapport à l'addition, on observerait :

- $(1\ \text{m} / 1\ \text{s}) + (1\ \text{m} / 1\ \text{s}) = 2\ \text{m} / 1\ \text{s}$, ce qui peut s'écrire :
- $1\ \text{m/s} + 1\ \text{m/s} = 2\ \text{m/s}$

Or, ce n'est pas ce qu'on observe. Cette dernière équation est physiquement inexacte, car elle n'utilise pas la bonne loi de composition ($\tilde{+}$). La différence est infime, mais selon ce qui précède, on calcule que $1\ \text{m/s} \tilde{+} 1\ \text{m/s} = (1+1) / (1+1/c^2)\ \text{m/s}$ $\approx 1{,}999\,999\,999\,999\,999\,978\ \text{m/s}$.

De façon analogue, si on suppose les durées additives, alors physiquement, on observerait :

- $(1\ \text{s} + 1\ \text{s}) = 2\ \text{s}$

En accélérant de $1\ \text{m/s}^2$ pendant ces durées, on observerait :

- $1\ \text{m/s}^2 \cdot (1\ \text{s} + 1\ \text{s}) = 1\ \text{m/s}^2 \cdot 2\ \text{s}$

La multiplication étant distributive par rapport à l'addition, on observerait :

- $(1\ \text{m/s}^2 \cdot 1\ \text{s}) + (1\ \text{m/s}^2 \cdot 1\ \text{s}) = 1\ \text{m/s}^2 \cdot 2\ \text{s}$

Ce qui correspond l'addition des vitesses décrite précédemment et physiquement inexacte :

- $1\ \text{m/s} + 1\ \text{m/s} = 2\ \text{m/s}$

Ces équations montrent que l'additivité des longueurs ou des durées implique celle des vitesses. Comme on observe que les vitesses ne sont pas additives, les longueurs et les durées ne le seraient pas non plus. C'est ce qu'on appelle une démonstration par l'absurde.

On pourrait penser que la distribution de la division ou de la multiplication n'est pas autorisée, sous prétexte qu'elle transforme l'addition de longueurs ou de durées, en addition de vitesses. Cette interdiction impliquerait automatiquement que les longueurs et les durées ne sont pas additives. En mathématique, le produit de (a) par la somme $(b + c)$ est toujours égal à la somme des produits $(ab + ac)$:

$$a \cdot (b + c) = ab + ac$$

C'est une propriété fondamentale de l'addition. Si cette propriété n'est pas vérifiée, c'est que la composition des grandeurs concernées n'est pas une véritable addition, même si le résultat s'en approche. C'est exactement ce qu'on observe dans le cas des longueurs et des durées.

L'explication de ce paradoxe est que tout comme les vitesses, les longueurs et les durées sont adjonctives, et non pas additives ; ces grandeurs seraient limitées maximalement. Ces limites étant très grandes à l'échelle humaine, les résultats de l'adjonction pour ces grandeurs seraient très proches de ceux d'une addition.

On en conclut que toutes les équations précédentes sont physiquement inexactes. Les durées, longueurs, surfaces, volumes, et plusieurs autres grandeurs dérivées ne seraient pas additives, mais plutôt adjonctives et limitées maximalement.

Cette conclusion bouscule les idées reçues. Les grandeurs limitées minimalement et maximalement ne seraient pas l'exception, mais bien la norme, comme le supposait Nicolas de Cues en 1440! Le concept de Cosmosphère (ou sphère maximum) découle naturellement de cette extension limitée du temps et de l'espace, pour tout observateur.

Pour en revenir aux démonstrations précédentes, physiquement, on observerait plutôt les inégalités suivantes :

- $(1\ \text{m}\ \tilde{+}\ 1\ \text{m}) < 2\ \text{m}$
- $(1\ \text{m}\ \tilde{+}\ 1\ \text{m})\ /\ 1\ \text{s} < 2\ \text{m}\ /\ 1\ \text{s}$
- $(1\ \text{m}\ /\ 1\ \text{s})\ \tilde{+}\ (1\ \text{m}\ /\ 1\ \text{s}) < 2\ \text{m}\ /\ 1\ \text{s}$
- $1\ \text{m/s}\ \tilde{+}\ 1\ \text{m/s} < 2\ \text{m/s}$

- $(1\ \text{s}\ \tilde{+}\ 1\ \text{s}) < 2\ \text{s}$
- $1\ \text{m/s}^2 \cdot (1\ \text{s}\ \tilde{+}\ 1\ \text{s}) < 1\ \text{m/s}^2 \cdot 2\ \text{s}$
- $(1\ \text{m/s}^2 \cdot 1\ \text{s})\ \tilde{+}\ (1\ \text{m/s}^2 \cdot 1\ \text{s}) < 1\ \text{m/s}^2 \cdot 2\ \text{s}$
- $1\ \text{m/s}\ \tilde{+}\ 1\ \text{m/s} < 2\ \text{m/s}$

On suppose ici que l'adjonction ($\tilde{+}$) fait toujours intervenir le maximum de la grandeur concernée. Pour l'instant, on suppose simplement que la longueur maximum et la durée maximum sont très grandes par rapport aux unités choisies.

L'objection des référentiels inertiels

L'objection parfois soulevée concernant les démonstrations précédentes est l'utilisation de deux référentiels inertiels pour effectuer les mesures : un pour l'observateur en mouvement et un second pour un observateur fixe. Selon ce dernier, les longueurs et les durées seraient en quelque sorte additives !

Le concept de référentiel inertiel est une idéalisation qui suppose qu'aucune force n'agit sur l'observateur et qu'aucune accélération n'est impliquée. Pour cet observateur, le temps s'écoulerait uniformément et serait par définition additif. De même, l'espace serait homogène, isotrope et additif.

Selon le système cosmosphérique, cette idéalisation n'existe pas dans la nature, car elle déroge au principe cosmosphérique. Il faut plutôt utiliser le concept de « référentiel cosmosphérique » qui sera traité dans la section « Interprétation cosmosphérique du mouvement ».

Selon les règles de la logique, l'utilisation du concept de référentiel inertiel pour prouver l'additivité des longueurs et des durées n'est pas autorisée, car elle implique un raisonnement circulaire. On suppose à priori l'existence d'un référentiel inertiel où les longueurs et les durées seraient additives pour prouver l'additivité des longueurs et des durées.

LES GRANDEURS QUANTIFIÉES ET LES GRANDEURS INVERSES

Pour pouvoir formuler un ensemble cohérent d'hypothèses sur les grandeurs physiques, il faut resserrer davantage l'étau conceptuel. On observe que le minimum de la grandeur Action est un quantum, c'est-à-dire l'atome ou la valeur indivisible qui constitue l'incrément de cette grandeur discontinue. Selon ce qui précède, comme les autres grandeurs, l'action serait elle aussi limitée maximalement. On en déduit que le quantum d'action et toutes les valeurs de cette grandeur seraient adjonctifs, et non pas additifs.

Si toute grandeur physique dispose d'un minimum absolu, on peut se demander si ce minimum en constitue aussi le quantum. Cette dernière hypothèse doit être rejetée, car elle est incohérente. L'observation de certaines grandeurs inverses réfute l'hypothèse d'un quantum minimum pour ces grandeurs. Par exemple, le minimum absolu de la vitesse inverse (c^{-1}) n'est pas le quantum de la vitesse inverse. Une particule qui décélère ne passe pas brusquement de la vitesse inverse $1/c$ à celle d'environ $2/c$, puis à celle d'environ $3/c$ et ainsi de suite. L'analyse de la distribution des valeurs quantifiées et adjointes d'une grandeur montre que celles de la grandeur inverse ne le sont pas.

Pour maintenir la cohérence du modèle, les grandeurs physiques doivent être réparties en deux catégories distinctes : les grandeurs quantifiées et les grandeurs inverses.

Les grandeurs quantifiées

Les grandeurs quantifiées disposeraient d'un quantum minimum et adjonctif. Par exemple, tout comme la grandeur Action, les grandeurs Temps, Longueur et Vitesse disposeraient chacune d'un quantum minimum et adjonctif.

Mathématiquement, ce modèle est simple et esthétique. Pour obtenir la liste des valeurs d'une grandeur quantifiée (notée Q), on commence avec la valeur minimum, le quantum noté q ($Q_1 = q$) ; pour les valeurs suivantes (indice $n>1$), on applique itérativement l'adjonction ($\tilde{+}$) d'un quantum additionnel à la valeur précédente : $Q_n = Q_{n-1} \tilde{+} q$.

Le résultat est une grandeur discontinue, quantifiée, et limitée minimalement et maximalement. En raison de la nature de l'adjonction, l'ensemble des valeurs d'une grandeur quantifiée serait infini, même si la plage de mesure est finie. Par exemple, en fournissant constamment de l'énergie à un électron, sa vitesse s'approche continuellement de celle de la lumière. Toutefois, l'électron n'atteint jamais cette vitesse maximum en raison de sa masse.

La figure 1 illustre la distribution des 25 premières valeurs d'une grandeur quantifiée (Q), mais fictive. Le quantum (q) de cette grandeur serait démesurément grand par rapport à la valeur maximum (1). Cette technique permet d'illustrer simultanément les propriétés quantiques et relativistes des grandeurs quantifiées. Pour fin de lisibilité, les données illustrées sur ce graphique sont listées à l'annexe F.

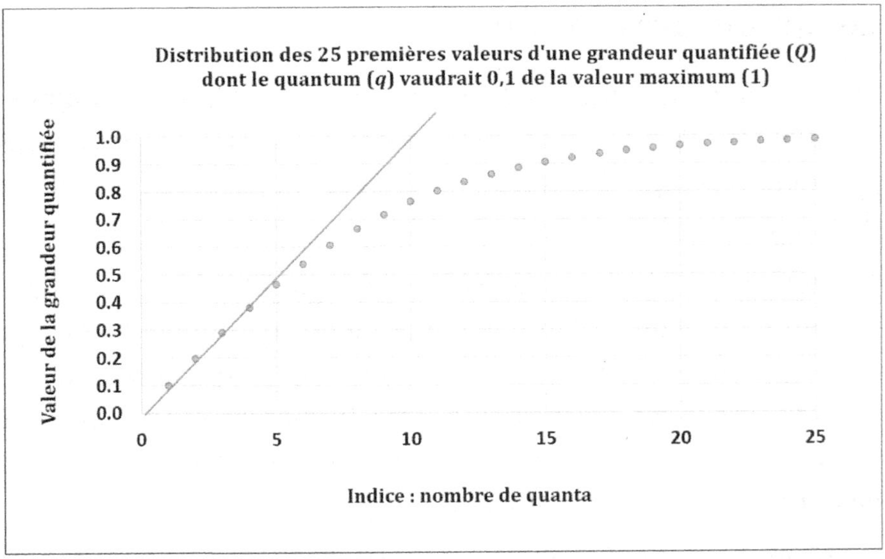

Figure 1 - Exemple fictif d'une grandeur quantifiée

Sur cette figure, on observe que le nombre potentiel de quantas est illimité bien que la grandeur en elle-même soit limitée maximalement. Une grandeur quantifiée, comme une longueur, ne pourrait pas prendre n'importe quelle valeur réelle positive jusqu'à l'infini (ligne continue sur le graphique). Elle ne pourrait prendre que des valeurs quantifiées et adjointes (points sur le graphique), tout comme la grandeur Action. De plus, parce qu'elle est adjonctive, cette grandeur serait limitée maximalement, tout comme la grandeur Vitesse.

Les grandeurs inverses

Les grandeurs inverses ne seraient que l'image inversée des grandeurs quantifiées. Comme les grandeurs quantifiées, les grandeurs inverses seraient discontinues, et limitées minimalement et maximalement. En revanche, ne disposant plus d'un quantum adjonctif, les valeurs de ces grandeurs inverses seraient elles-mêmes non adjonctives. Une façon de déterminer si une grandeur physique est quantifiée ou inverse consiste à vérifier si ses valeurs sont adjonctives ou non.

Par exemple, une consommation d'essence exprimée en litres (L) par 100 km serait adjonctive. Supposons deux véhicules qui se suivent et consomment respectivement 10 L/100 km et 20 L/100 km. La consommation combinée des deux véhicules serait de 10 L/100 km $\tilde{+}$ 20 L/100 km $\approx$ 30 L/100 km. Je qualifie cette grandeur de quantifiée et adjonctive, c'est-à-dire dont le minimum physique en constituerait le quantum adjonctif.

En revanche, une consommation d'essence exprimée en milles par gallon (mi/gal) ne serait pas adjonctive. Supposons deux véhicules qui se suivent et consomment respectivement 10 mi/gal, et 20 mi/gal. La consommation combinée des deux véhicules n'est pas de 30 mi/gal. Il s'agirait donc d'une grandeur inverse, non quantifiée et non adjonctive. Pour combiner les valeurs d'une grandeur inverse, il faut d'abord convertir celles-ci en une grandeur adjonctive, par exemple des gallons par mille (gal/mi), ce qui donne pour l'exemple 0,1 gal/mi $\tilde{+}$ 0,05 gal/mi $\approx$ 0,15 gal/mi. En inversant le résultat de cette adjonction, on obtient la consommation combinée dans l'unité d'origine, soit environ 6,667 mi/gal.

LES HYPOTHÈSES CONCERNANT LES GRANDEURS PHYSIQUES

Pour conclure, je formule les hypothèses suivantes concernant les grandeurs physiques :

- Toute grandeur physique est finie et non nulle. Elle est limitée à la fois minimalement et maximalement ;
- Toute grandeur physique est discontinue. L'ensemble des valeurs de cette grandeur est infini, bien que la plage de mesure soit finie ;
- Une grandeur quantifiée dispose d'un quantum adjonctif dont la valeur est le minimum de cette grandeur ;
- Toutes les valeurs d'une grandeur quantifiée sont adjonctives suivant la loi de composition $\tilde{+}$:

  $a \tilde{+} b \Leftrightarrow (a+b) / (1+ab)$, l'unité correspondant au maximum de cette grandeur ;
- Toute grandeur quantifiée peut être inversée. Bien que discontinue et limitée, cette grandeur inverse n'est ni quantifiée ni adjonctive.

La suite du texte suggère l'existence d'une hypothèse additionnelle, mais contre-intuitive :

- On peut associer aux valeurs extremums des grandeurs physiques, une forme d'invariance spatiotemporelle.

LA SUBJECTIVITÉ OBSERVATIONNELLE

Pour interpréter rationnellement ce qui précède, il suffit de s'affranchir du dogme du réalisme objectif. Pour faire simple, le réalisme objectif suppose que la réalité se présente à nous telle qu'elle est. Cette hypothèse, malheureusement répandue, est contraire à l'observation.

Pour illustrer la subjectivité observationnelle, le physicien et philosophe Bernard d'Espagnat utilisait l'exemple de l'arc-en-ciel, qui existe indépendamment de tout observateur, mais qui a pourtant des propriétés qui dépendent de celui-ci. Le principe cosmosphérique implique une telle subjectivité observationnelle des phénomènes.

Selon la théorie de la relativité restreinte, le temps et l'espace se déforment et s'ajustent de sorte que chaque observateur mesure la même valeur de la vitesse maximum (c). D'une certaine manière, ils disposent chacun de leur propre horloge et de leur propre règle. Cela implique que les mesures du temps et de l'espace ne sont pas strictement objectives, mais en partie subjectives.

Le terme *« subjectif »* signifie ici *« qui se rapporte à l'observateur, le sujet qui observe »*. Il peut s'agir d'une personne, d'un animal, d'une sonde ou d'un instrument de mesure quelconque. Ce terme réfère au contexte observationnel et non aux pensées, sentiments ou opinions de l'observateur.

Selon les hypothèses précédemment formulées, on peut en déduire que tout observateur doit mesurer les mêmes valeurs de la durée maximum et de la longueur maximum. L'invariance de c découlerait naturellement de celles de la durée maximum et de la longueur maximum.

La réalité projetée

L'idée que ce que nous percevons du monde est une projection de la réalité, et non pas la réalité en soi remonte à l'antiquité. Dans le livre VII de *« La République »*, Platon présente sa théorie des idées à l'aide de l'allégorie de la caverne. Des hommes enchaînés et immobilisés dans une caverne tournent le dos à une source lumineuse, et font face à un mur. Ils ne perçoivent que les ombres (ou projections) des objets qui se trouvent derrière eux. Pour eux, ces ombres constituent la réalité.

Il est remarquable que cette allégorie préfigure la métaphore du cylindre, dont l'ombre est soit circulaire soit rectangulaire, dépendamment de l'orientation du cylindre et de l'axe de projection.

Figure 2 - Ombres projetées d'un cylindre

Supposons un observateur qui réside à la surface du mur. Dans sa vision du monde en deux dimensions, cet observateur interprétera ces deux ombres comme étant deux objets distincts et séparés dans l'espace. Il ne peut pas saisir la présence du cylindre, ce qui nécessiterait l'accès à une troisième dimension spatiale. Si on modifie l'orientation du cylindre de sorte que l'ombre rectangulaire devienne circulaire, alors celle qui était circulaire devient automatiquement rectangulaire. Si les distances entre le cylindre et les deux ombres sont égales, alors cette transformation des deux formes est simultanée, peu importe la distance qui les sépare. On peut donc dire que ces deux ombres sont intriquées, dans le sens que la forme (ou l'état) de l'une détermine instantanément la forme (ou l'état) de l'autre, sans qu'aucune communication entre elles ne soit requise. L'intrication quantique semble incompatible avec une réalité objective, mais elle devient possible si ce que nous observons de l'Univers n'est que la projection d'une réalité plus profonde.

D'un point de vue métaphysique, une projection spatiotemporelle de l'infini au fini est un passage obligé pour s'affranchir des écueils conceptuels reliés à une réalité physique objective, que celle-ci soit finie ou infinie. Dans sa première antinomie de la raison pure, Kant oppose la thèse d'un monde fini (dans le temps et l'espace), à l'antithèse d'un monde infini. La preuve de la thèse repose sur l'impossibilité de l'antithèse et vice-versa. Dans ce sens, on peut considérer le réalisme objectif comme une impasse métaphysique. La réalité projetée est la solution à ce paradoxe ontologique. La cosmologie systémique distingue l'ontologie de la physique, mais ces deux composantes doivent être compatibles et complémentaires.

L'Univers en soi et l'Univers pour soi

Vous êtes ici invités à distinguer l'Univers en soi (supposé infini et donc incommensurable) de sa projection finie, l'Univers pour soi, celui qui relève de la physique et peut donc en principe être mesuré par un observateur. Selon Kant, nous ne connaissons le monde qu'à travers le prisme de notre structure mentale. Nous interprétons les phénomènes à l'aide de nos sens et de notre entendement. La chose en soi, au-delà de sa réalité phénoménale, nous ne pouvons la connaître.

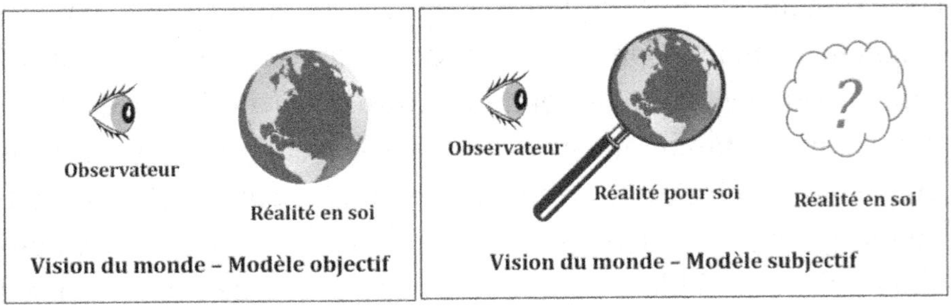

Figure 3 - Comparaison entre l'objectivité et la subjectivité observationnelle

Cette illustration est imparfaite puisque l'observateur fait lui-même partie du monde qu'il observe. Elle vise à mettre en évidence cette lentille perceptuelle à travers laquelle chaque observateur appréhende le monde différemment. On peut imaginer que la lentille perceptuelle fait partie de l'œil de l'observateur, et que ce dernier réside à l'intérieur du nuage de la réalité en soi. L'effet de perspective, qui nous est familier, évoque cette subjectivité observationnelle. Un même évènement ou objet est perçu différemment dépendamment du point de vue selon lequel on l'observe. L'arc-en-ciel de Bernard d'Espagnat en est un bon exemple. D'un point de vue temporel, Einstein a montré que la notion de simultanéité était subjective. L'ordre dans lequel deux évènements se produisent peut être inversé pour deux observateurs distants ou en mouvement l'un par rapport à l'autre.

Cet ouvrage tente d'identifier certaines propriétés de cette lentille perceptuelle, cet écran de projection qui s'interpose entre l'observateur et la réalité en soi. Ce qui entrave la perception de cette lentille est en partie une question d'échelle. Pour que les effets relativistes induits par la vitesse maximum (c) deviennent perceptibles, il faut que de très grandes vitesses soient mises en jeu. De même, ce n'est qu'à très petite échelle que les effets quantiques induits par l'action minimum (h) se manifestent. Le même principe s'appliquerait aux autres minima et maxima des grandeurs physiques. À l'échelle humaine, les effets cosmosphériques induits par la durée maximum et la longueur maximum seraient perceptibles. À l'échelle cosmologique, ils deviendraient prédominants. Notre faculté d'objectivation serait donc limitée à la fois minimalement et maximalement. D'une part, on a vu que l'infiniment grand et l'infiniment petit ne peuvent exister objectivement. D'autre part, le maximum fini d'une grandeur physique est par nature subjectif.

La gravure sur bois de Flammarion montre un pèlerin qui franchit le firmament d'un monde objectivement clos (figure 4). Elle illustre bien le paradoxe d'un univers limité objectivement par une sphère de dimension finie.

Figure 4 - Illustration paradoxale d'un monde objectivement clos

LE CONCEPT DE COSMOSPHÈRE

Les origines du concept de Cosmosphère

Les origines du concept de Cosmosphère sont très anciennes et remontent au moins à l'époque des philosophes éléates (5e siècle av. J.-C.). Parménide est considéré comme le fondateur de l'ontologie. Dans son poème « *Sur la nature* », il postule l'existence de l'Un : Être unique, éternel, immuable, continu et sphérique (la Cosmosphère).

Les intuitions cosmologiques et physiques de Parménide sont étonnamment modernes. À cette époque, on croyait généralement que la terre était plate. Parménide imagine plutôt une terre sphérique et divisée en cinq zones climatiques : deux zones polaires glacées ; une zone équatoriale torride ; et entre ces deux extrêmes, deux zones tempérées et habitables. Bien que simpliste, cette hypothèse de zones climatiques associées à l'ensoleillement du globe terrestre me semble novatrice. Pour Parménide, les étoiles sont des astres, tout comme la lune et le soleil. Si les anciens avaient adopté le concept de l'Un de Parménide, l'évolution de la science aurait peut-être suivi un tracé différent.

Pour Platon, l'Univers aurait plutôt été forgé par le démiurge, ce qui constitue une cosmogonie créationniste. Dans son traité cosmologique « *Le Timée* », on peut lire :

« C'est pourquoi le dieu a tourné le monde en forme de sphère, dont les extrémités sont partout à égale distance du centre, cette forme circulaire étant la plus parfaite de toutes et la plus semblable à elle-même... Car rien n'en sortait et rien n'y entrait de nulle part, puisqu'il n'y avait rien en dehors de lui... »

Malheureusement et à tort, Platon assimile la Cosmosphère à une sphère étoilée, et met celle-ci en mouvement :

« Il lui attribua un mouvement approprié à son corps, celui des sept mouvements qui s'ajuste le mieux à l'intelligence et à la pensée. En conséquence, il le fit tourner uniformément sur lui-même à la même place et c'est le mouvement circulaire qu'il lui imposa ; »

Cette rotation de la sphère céleste permettait d'expliquer la rotation des étoiles qui y étaient fixées. La terre était alors considérée comme le centre de cette sphère étoilée.

L'évolution du concept de Cosmosphère

Au moyen âge, la Cosmosphère prend une forme plus subtile. Le livre des vingt-quatre philosophes est un ouvrage hermétique, anonyme et dont la date de rédaction est incertaine. La deuxième sentence du livre se lit :

« Dieu est une sphère infinie, dont le centre est partout et la circonférence nulle part » (Hudry, 1989).

Ce concept de sphère infinie et intelligible sera repris par de nombreux auteurs dont : Alain de Lille, Maître Eckhart, Montaigne, Rabelais, Giordano Bruno et Blaise Pascal. Nicolas de Cues l'évoque aussi en évitant le qualificatif d'infini. Il assimile plutôt la sphère maximum au premier moteur du monde :

« Donc, la machine du monde aura, pour ainsi dire, son centre partout et sa circonférence nulle part... » (Cues, Docte ignorance, 2008, p. 165)

Nicolas de Cues s'est clairement affranchi de la sphère des étoiles fixes et des orbites circulaires. Pourquoi alors, maintenir ce concept de sphère maximum, supposée unique, inengendrée, éternelle, immuable et à première vue, peu compatible avec les Écritures?

C'est parce que la *« sphère maximum »*, c'est l'Un de Parménide, le principe premier dont toute chose dérive, la cause première de l'Univers et de tout ce qu'il contient :

« ... la docte ignorance voit très clairement que le Maximum absolu est nécessairement, de telle sorte qu'il est la nécessité absolue. Or on a montré que le Maximum absolu ne peut être que l'Un. Donc, il est vrai que le Maximum est l'Un.» (Cues, Docte ignorance, 2008, p. 52)

La Cosmosphère d'un point de vue ontologique

D'une certaine manière, la cosmologie ne peut évacuer complètement le concept de cause première. De nos jours, on invoque un big bang qui suggère que le temps, l'espace, l'énergie et la matière auraient soudainement surgi du néant. Or, l'ontologie introduite par Parménide nous apprend que seul l'Être existe. Le néant n'existe pas. Rien ne peut donc émaner de ce qui n'existe pas. Pour contourner ce paradoxe, certains modèles suggèrent un univers cyclique. Par exemple, le big bang ne serait que le rebond d'un état ultra-dense de la matière-énergie dans un espace-temps préexistant, et un cycle big bang/big crunch se répèterait indéfiniment. Il est bénéfique que différentes hypothèses soient envisagées. Toutefois, il faut garder à l'esprit que les scénarios cycliques ne peuvent expliquer l'origine du cosmos.

Depuis l'antiquité, les philosophes nous réitèrent que la cause première ne peut pas avoir de début, car alors, elle devrait avoir elle-même une cause. De même que la cause première ne peut pas être située dans le temps, elle ne peut pas davantage être située dans l'espace, car alors, un espace préexistant serait requis à son existence même. La sphère maximum, imaginée par Nicolas de Cues, respecte ces préceptes. Elle constituerait la limite de l'espace et du temps, sans toutefois en faire partie : elle ne serait donc nulle part. Comme une sphère infinie, son centre peut être déplacé sans l'affecter : il serait donc partout.

Nicolas de Cues assimile aussi le Maximum à Dieu, qui est le plus grand, et pour qui le qualificatif d'infini est alors réservé. Tout comme son prédécesseur, Maître Eckhart, il devra se défendre de graves accusations de panthéisme. Ces accusations concernent le principe de coïncidence des opposés, et aussi le concept de Cosmosphère de la docte ignorance :

« D'autres encore, qui ont tenté de figurer l'Unité infinie, ont dit que Dieu est un cercle infini. Et ceux qui ont considéré l'existence absolument actuelle de Dieu ont affirmé que Dieu est comme une sphère infinie. Quant à nous, nous montrerons que tous ces penseurs unanimement ont eu une conception correcte du Maximum, et que tous exprimèrent une doctrine unique. » (Cues, Docte ignorance, 2008, p. 67)

On peut résumer cette ontologie comme suit : L'Univers étant physiquement fini, il doit pouvoir être contenu. Ce contenant cosmique et sphérique, Parménide l'appelle *« l'Un »*, le néoplatonisme hermétique, *« la sphère infinie »* et la docte ignorance, *« la sphère maximum »*. Le néologisme de *« Cosmosphère »* n'est que l'appellation moderne de l'évolution de ce concept.

Le statut ontologique du temps et de l'espace

Pour que la Cosmosphère soit invariante dans le temps et l'espace, il est requis de redéfinir les notions de temps et d'espace dans un contexte cosmosphérique. Dans sa *« Critique de la raison pure »*, Emmanuel Kant élabore une théorie transcendantale des éléments. Selon Kant, le temps et l'espace constitueraient les formes pures de l'intuition sensible, c'est-à-dire des concepts intuitifs émanant de l'entendement, mais qui ne relèvent aucunement des sens :

« De cette recherche, il résultera qu'il y a deux formes pures de l'intuition sensible, comme principe de la connaissance à priori, savoir : l'espace et le temps que nous allons nous occuper dès maintenant d'examiner. » (Kant, 1944, pp. 54-55)

Paradoxalement, au sens kantien, c'est la Cosmosphère qui serait la forme à priori de l'intuition sensible, et non pas le temps et l'espace, comme le croyait Kant. C'est pourquoi Parménide a pu l'imaginer, il y a 25 siècles, en l'absence de toute observation probante. Comme ces observations sont aujourd'hui disponibles, la Cosmosphère peut désormais faire un retour dans l'arène cosmologique. Le principe cosmosphérique postule que c'est la Cosmosphère qui régit le temps, l'espace, la matière et le mouvement. Si on considère le temps et l'espace comme des entités dérivées, alors les contradictions apparentes s'estompent.

La Cosmosphère d'un point de vue systémique

D'un point de vue systémique, l'hypothèse cosmosphérique n'a rien d'ésotérique. Tout système opère et interagit dans un environnement qui peut être considéré comme un système plus grand. Par exemple, le système terre-lune fait partie du système solaire, qui fait partie de la Galaxie et ainsi de suite. Si on considère l'Univers dans sa totalité, alors se pose spontanément la question de son environnement. Un système global et autonome doit disposer d'un mécanisme d'autoconfinement. Ce mécanisme fait partie intégrante du système, et constitue l'essence de cet ouvrage.

La Cosmosphère doit pouvoir engendrer non seulement le temps, l'espace, la matière et le mouvement, mais aussi l'évolution, la complexité, la vie et la pensée. Un tel système demeure difficilement descriptible en termes purement physiques. Certains philosophes se sont penchés sur cette évolution cosmique. Dans son ouvrage *« Le phénomène humain »*, le scientifique et théologien Pierre Teilhard de Chardin innove en la matière (Chardin, 1955). Plus près de nous, le philosophe et théologien Jean Proulx, dont plusieurs ouvrages sont listés en bibliographie, traite ce sujet de façon remarquable (Proulx, 2009).

Le concept de Cosmosphère permet d'expliquer plusieurs phénomènes, aujourd'hui mal compris. Il a probablement été écarté, en partie parce qu'il a été faussement assimilé à la sphère des étoiles fixes, mais aussi parce qu'il est peu compatible avec ceux d'espace et de temps objectifs, que ce soit ceux de Descartes, de Newton ou même l'espace-temps d'Einstein. De plus, en tant que maximum absolu, la Cosmosphère ne serait plus régie par le principe de non-contradiction. Ce serait l'archétype de la coïncidence des opposés. Que l'on regarde dans une direction ou dans la direction opposée, c'est la même Cosmosphère qui nous entoure, et ce, peu importe l'endroit ou l'époque.

D'un point de vue systémique, la Cosmosphère est la clé de voute, la pièce maitresse manquante à laquelle les autres morceaux du casse-tête cosmologique peuvent s'attacher pour former un tout cohérent. Cette notion simple, naturelle et esthétique fascine l'esprit humain depuis des millénaires. En renonçant au concept de Cosmosphère, on a jeté le bébé avec l'eau du bain, et il devient très difficile de se forger une image simple et cohérente de l'Univers.

L'âge de l'Univers et son taux d'expansion

Contrairement aux objets qu'elle contient, la Cosmosphère ne vieillirait pas. La durée maximum serait l'âge de l'univers, soit environ 13,578 Ga (gigannées). On a vu que le maximum d'une grandeur et le minimum de la grandeur inverse ne sont que les deux facettes d'une même entité. Par exemple, si le temps est limité par une durée maximum, alors une fréquence doit être limitée minimalement par l'inverse de cette durée. En effet, un évènement soumis à une fréquence inférieure à ce minimum ne pourrait jamais se produire, puisqu'il faudrait attendre plus longtemps que la durée maximum. Il en va de même pour un taux, dont la dimension est la même que celle d'une fréquence (T^{-1}). On en conclut que le taux minimum devrait être l'inverse de l'âge de l'univers (la durée maximum).

Or, c'est exactement ce qu'on observe. Le taux minimum n'est autre que le taux d'expansion de l'Univers, dont la valeur est la constante de Hubble, notée H_0. Autrement dit, on observe que l'âge de l'univers correspond à ce qu'on appelle aujourd'hui le temps de Hubble $t_H = 1/H_0$. L'interprétation cosmosphérique de cette relation est que tout comme l'âge de l'univers, la constante de Hubble est invariante. Je la note donc simplement H, et l'âge de l'Univers H^{-1} (ou $1/H$).

Selon les théories conventionnelles, cette relation inverse n'a pas lieu d'être. Le taux d'expansion de l'Univers varierait au fil du temps selon la densité d'énergie associée aux différentes composantes du Cosmos (matière, radiation, neutrinos, énergie noire...).

La relation inverse entre la durée maximum et le taux minimum n'est pas le fruit d'une improbable coïncidence, mais bien la confirmation des hypothèses précédemment formulées. C'est une preuve observationnelle de l'existence de la Cosmosphère et de son invariance.

Le rayon de l'Univers et la vitesse maximum

La longueur maximum serait le rayon de l'Univers que je note R_U. Le rayon de Hubble étant défini comme $R_H = c/H$, il constituerait aussi celui de la Cosmosphère. Je pose donc $R_U = R_H$ par définition. Physiquement, la Cosmosphère correspondrait à ce qu'on appelle la sphère de Hubble, à cette différence près que rien de physique n'existerait en dehors d'elle. La suite de cet ouvrage montre que, malgré les apparences, l'invariance de H et R_U est parfaitement cohérente. Dans une démarche conceptuelle, il importe de distinguer l'observation de l'interprétation qu'on en fait.

En ce qui concerne la vitesse maximum (c), on constate que sa valeur est tout juste ce qu'il faut pour qu'on puisse observer les premiers évènements cosmiques tels que la formation des structures primordiales. Les théories conventionnelles doivent faire intervenir des vitesses supraluminiques pour expliquer l'isotropie de l'univers primordial, ou encore l'existence d'hypothétiques galaxies qui flotteraient au-delà de l'horizon cosmologique. Selon le principe cosmosphérique, il est normal qu'on observe la relation $c = H\ R_U$. Le recours à des vitesses supraluminiques n'est ni requis ni autorisé.

LE PRINCIPE COSMOSPHÉRIQUE

Le principe cosmosphérique expose le mécanisme de confinement de l'Univers physique à l'aide du concept de Cosmosphère. C'est un principe physique qui s'appuie sur l'unicité et l'invariance d'une entité à la fois transcendante et immanente au monde. Certaines assertions de Nicolas de Cues suggèrent qu'il aurait anticipé le principe cosmosphérique, sans toutefois le formuler :

« Il est nécessaire que le Maximum soit en acte le principe et la fin de toutes les choses finies. En outre rien ne pourrait être si le Maximum absolu n'était pas. En effet, puisque toutes les choses qui ne sont pas le Maximum sont finies et dépendantes, il sera nécessaire qu'elles viennent d'un autre, car si elles venaient d'elles-mêmes, elles auraient été avant même d'être. Or, comme la règle le montre, il n'est pas possible d'aller à l'infini dans les principes et les causes. Il y aura donc un Maximum absolu sans lequel rien ne peut être. » (Cues, Docte ignorance, 2008, p. 51)

« Nous voyons maintenant clairement, puisque le Maximum est comme la sphère maxima, comment il est l'unique mesure, la plus simple et la plus adéquate de tout l'univers et de tout ce qui existe dans l'univers... » (Cues, Docte ignorance, 2008, p. 98)

L'énoncé du principe cosmosphérique

Le principe cosmosphérique pose que c'est la Cosmosphère qui régit le temps, l'espace et le mouvement pour tout observateur. Les mesures associées à ces grandeurs seraient donc subjectives. L'univers pour soi prendrait l'apparence d'une boule de très grande dimension. Cette boule serait circonscrite par une sphère de dimension 2 qui délimite le temps et l'espace pour tout observateur :

❖ **En tout temps et en tout lieu, tout corps massif demeure centré par rapport à la Cosmosphère qui est unique, invariante et donc la même pour tout observateur.**

Les mesures du temps et de l'espace pour chaque observateur doivent donc s'ajuster de façon à respecter ce principe. L'invariance de la Cosmosphère repose sur un principe ontologique : une chose sujette à changement ne peut pas exister par elle-même. La Cosmosphère ne peut donc pas changer puisqu'elle est elle-même la cause première, le Maximum absolu de la docte ignorance. L'unicité de la Cosmosphère est explicite puisque le Maximum absolu est l'Un.

Le principe cosmosphérique diffère du principe copernicien (ou cosmologique) qui postule l'isotropie et l'homogénéité de l'espace. Tel que mentionné précédemment, si nous n'avons pas accès à l'Univers en soi, on ne peut plus formuler ce genre d'hypothèse. Le principe adopté doit plutôt s'appliquer à l'univers pour soi, celui qu'on peut observer et mesurer.

Selon le principe cosmosphérique, ce qui est parfaitement homogène et isotrope, c'est la Cosmosphère elle-même. Ce qui est commun à tout observateur, ce n'est ni le temps, ni l'espace, ni son contenu, mais simplement la Cosmosphère. Un objectif de cet ouvrage est d'expliquer comment et pourquoi cela est non seulement possible, mais aussi requis à la compréhension de plusieurs phénomènes.

Le paradigme cosmosphérique

Un paradigme est une manière de voir les choses, un modèle cohérent du monde qui repose sur une base définie. Le principe cosmosphérique implique un paradigme différent de celui du big bang, aujourd'hui répandu. On peut résumer la comparaison comme suit :

Paradigme du big bang (cosmologie objective)	***Paradigme cosmosphérique (cosmologie systémique)***
L'Univers est un objet. Il est régi par le principe copernicien.	L'Univers est un système. Il est régi par le principe cosmosphérique.
Il existe une réalité objective qu'on peut observer. Cette réalité est indépendante de tout observateur.	Notre réalité est en partie subjective. C'est grâce à l'observation et aux concepts que nous forgeons, que nous pouvons l'appréhender.
L'Univers en soi et l'Univers pour soi sont une seule et même chose.	L'Univers pour soi est une projection de l'Univers en soi. Cette projection dépend du contexte d'observation.

Paradigme du big bang (cosmologie objective)	***Paradigme cosmosphérique (cosmologie systémique)***
L'Univers n'est pas sphérique ; il n'a ni centre ni bord.	L'univers pour soi est sphérique et fini ; il est centré sur tout observateur.
L'Univers est âgé d'environ 13,8 Ga (gigannées). On ne peut en observer qu'une infime partie et on ignore s'il est spatialement fini ou non.	L'Univers pour soi est âgé d'environ 13,578 Ga. Son rayon est d'environ 13,578 Gal (gigannées-lumière).
La cause première du temps, de l'espace, de l'énergie et de la matière est le big bang.	La cause première du temps, de l'espace, de l'énergie et de la matière est la Cosmosphère.
L'espace se dilate au taux H_0, mais le temps s'écoule uniformément.	Le temps et l'espace se dilatent à un taux constant (H), qui est l'inverse de l'âge de l'Univers. L'âge et le rayon de l'Univers (en distance lumière) sont invariants.

L'illusion du big bang

L'hypothèse du Big bang résulte naturellement du point de vue philosophique adopté : le réalisme objectif duquel découle le principe copernicien. On suppose un écoulement uniforme du temps ainsi que l'homogénéité et l'isotropie de l'espace. L'interprétation cosmosphérique de ce phénomène est que le big bang n'est qu'une illusion d'optique résultant de la compression du temps et de l'espace dans le passé.

Je crois que l'adoption d'hypothèses cosmologiques devrait découler d'une démarche structurée, et non pas d'une décision arbitraire basée sur des croyances non démontrées. Décréter à priori l'homogénéité de l'espace et l'écoulement uniforme du temps constitue selon moi une forme de biais cognitif. Il n'y a aucune raison de favoriser un point de vue par rapport à l'autre. Il faut donc s'en remettre à l'observation et au raisonnement pour trancher. L'entendement veut que ce soit le paradigme qui fournit la meilleure explication des phénomènes qui soit privilégiée.

INTERPRÉTATION COSMOSPHÉRIQUE DU TEMPS

Depuis l'antiquité, le temps fait l'objet de nombreux questionnements et de différentes interprétations. On ne compte plus les ouvrages qui traitent ce sujet. Il joue un rôle primordial dans toute démarche cosmologique, et on est inévitablement amené à se poser des questions comme :

- L'Univers a-t-il eu un début et si oui, quelle en est la cause? Qu'y avait-il avant ce début?
- L'Univers aura-t-il une fin et si oui, pourquoi et comment? Que se passera-t-il après?

La cosmologie moderne nous apporte un indice précieux sur l'évolution du cosmos. On sait maintenant que l'Univers a une histoire. D'un passé simple et monotone, il s'est graduellement structuré, complexifié et organisé. Toutefois, cela ne répond pas aux questions fondamentales sur son origine et sa destinée. Le point de vue cosmosphérique peut se résumer ainsi :

- Bien que son âge soit fini, l'Univers n'a jamais eu de début comme tel, car cet âge est invariant ;
- Bien qu'il évolue et se transforme continuellement, l'Univers n'aura jamais de fin.

Supposer que l'Univers a eu un début ou qu'il aura une fin constitue selon moi un paradoxe, car la notion même de temps interdit l'absence d'un avant et d'un après.

La flèche du temps

L'expression « flèche du temps » réfère au fait que le temps semble toujours s'écouler dans le même sens : du passé, vers le futur. Parmi les hypothèses de départ, on doit se positionner sur l'existence même de cette flèche, sa nature, ses causes et ses implications. Il est généralement admis que les évènements passés sont irréversibles et que les évènements futurs ne sont pas totalement déterminés. Par exemple, à l'approche d'un embranchement, on peut choisir d'obliquer soit à gauche, soit à droite (dans un futur immédiat). Une fois l'action effectuée, il semble impossible de revenir dans le passé et de changer sa décision initiale. D'un point de vue physique, la flèche du temps est confirmée par l'observation, dont l'accroissement de l'entropie, une grandeur associée au désordre des particules. L'expansion de l'Univers implique aussi une certaine forme d'asymétrie temporelle. De même, le concept même d'évolution suppose celui d'une flèche du temps, pour peu qu'on puisse assigner un sens à cette évolution, par exemple du simple au complexe. Or, c'est exactement ce qu'on observe.

Malgré ces évidences, plusieurs contestent l'existence de la flèche du temps, sous prétexte que les équations de la physique permettent une inversion de cette flèche. La flèche du temps ne serait que psychologique. Il est normal que les opinions divergent, mais il est important de prendre conscience des implications de ses propres croyances. Si la flèche du temps n'est qu'une illusion, alors il en va de même pour les décisions que nous croyons prendre. En effet, si le passé, le présent et le futur coexistent déjà dans un espace-temps prédéterminé, et que nous ne sommes que les témoins des évènements qui se déroulent au fil de notre existence, comment pourrions-nous influer sur ces évènements? Si le futur est déjà déterminé, comment pourrions-nous intervenir sur celui-ci?

Le libre arbitre

Le libre arbitre est la faculté de pouvoir prendre librement certaines décisions et d'agir en conséquence de façon à influencer le fil des évènements. D'un point de vue métaphysique, cela me semble une évidence. Si nous n'avons aucune prise sur nos décisions et nos actes, pourquoi récompenser les bonnes actions et punir les mauvaises? Ultimement, le déterminisme absolu et la négation du libre arbitre qui en résulte constituent un non-sens. En effet, cette croyance même ne résulterait pas du libre choix d'un être pensant, mais simplement de l'interaction d'un cerveau humain avec son environnement. Cette croyance préprogrammée n'aurait donc aucune valeur argumentative. Renoncer à pouvoir choisir ses croyances, c'est se condamner à l'absurdité.

Pour parvenir à un résultat souhaité, nous sélectionnons et appliquons un enchaînement de comportements appropriés et acquis, en interaction avec nos perceptions sensorielles. Si les changements d'état ne relevaient que du hasard, alors un processus complexe comme la conduite d'un véhicule automobile serait impossible. Nos muscles s'agiteraient dans tous les sens et aucune coordination entre nos perceptions sensorielles et notre motricité ne serait possible. Nous ne pourrions pas choisir une destination, et encore moins y parvenir. Cette faculté de pouvoir choisir et appliquer les changements d'état pertinents serait ce qui permet aux êtres vivants de contourner l'entropie croissante d'un système. Pour qu'un oiseau puisse s'envoler et migrer vers sa destination, il doit disposer d'un mécanisme similaire à celui décrit précédemment. On peut fabriquer un robot qui conduit ou qui vole, mais ce dernier devra lui aussi simuler ce mécanisme.

En conclusion, l'hypothèse posée dans cet ouvrage est que contrairement au passé, le futur n'est pas totalement déterminé et que nous pouvons l'influencer. Nous habitons donc un univers où le temps est asymétrique, ou si vous préférez, où le passé diffère foncièrement du futur.

La dilatation du temps

Pour expliquer cette asymétrie temporelle, l'hypothèse cosmosphérique pose que l'écoulement du temps n'est pas constant, mais plutôt qu'il s'écoule de plus en plus lentement. Précédemment, on a vu que les durées ne sont pas additives. Or, le fait que les durées soient adjonctives implique que le temps se dilate au taux minimum (H), de sorte que la durée maximum (H^{-1}) soit invariante. Considérons une durée d'une année terrestre par exemple. L'adjonction fait en sorte que les années ne s'additionnent pas, mais se cumulent différemment de sorte que le résultat de ce cumul soit légèrement inférieur à la somme des années qui s'écoulent. Si on assigne à l'année en cours une durée d'un an, alors cela signifie que comparativement, les années cumulées dans le passé sont plus courtes. Plus une année est ancienne, plus elle est courte par rapport à l'année en cours. De même, l'année à venir sera plus longue que celle en cours. C'est l'explication de la dilatation temporelle.

La mesure du temps

Pour mesurer le temps, on utilise une horloge, et pour savoir si celle-ci tourne trop vite ou trop lentement, on se réfère généralement à une horloge plus précise. Mais comment savoir si la cadence des horloges les plus précises est vraiment constante? Comment mesurer une éventuelle variation de cette cadence? Il n'est pas facile de répondre à ces questions, et le concept même de temps est difficile à appréhender. On définit le temps par rapport à une ou plusieurs horloges dont la cadence est supposée, à priori, constante. La seconde est présentement définie comme la durée de 9 192 631 770 périodes de la radiation correspondant à la transition entre deux niveaux hyperfins de l'état fondamental de l'atome de césium 133.

Ce qui importe ici, c'est que cette durée est liée à une transition atomique et donc définie par rapport à une propriété de la matière. C'est ce que j'appellerais une horloge matière. Par rapport à quoi la cadence de cette horloge matière pourrait-elle donc varier?

L'horloge lumière pourrait-elle nous éclairer ?

On peut aussi imaginer une horloge lumière (ou horloge photonique), dont la cadence serait déterminée par l'oscillation d'une onde lumineuse. Par exemple, si on observe le fond diffus cosmologique et qu'on fait abstraction de notre mouvement propre, celui-ci nous semble isotrope. On observe alors un important rayonnement fossile d'une fréquence de 160 GHz, ce qui correspond à une longueur d'onde de 1,06 mm (micro-ondes). Par rapport à l'horloge matière, on observe que la cadence de cette horloge lumière ralentit très légèrement ($H \approx 2{,}333\,8 \times 10^{-18}\ s^{-1}$). Cette observation est asymétrique, c'est-à-dire que par rapport à l'horloge lumière, l'horloge matière accélère très légèrement.

Comme on dispose de deux horloges qui cadencent le temps différemment, on peut se demander pourquoi. Une de ces horloges cadencerait-elle le temps correctement, et l'autre pas ? Doit-on considérer que l'horloge lumière ralentit, ou plutôt que c'est l'horloge matière qui accélère ?

Le paradoxe temporel

Le rayonnement fossile a été émis il y a très, très longtemps, et celui-ci est environ mille fois moins énergétique que s'il était émis aujourd'hui. Selon l'horloge matière, 99,9 % de l'énergie du rayonnement fossile se serait volatilisée! Dès 1936, Edwin Hubble évoquait ce problème de non-conservation de l'énergie des photons dans un univers en expansion. C'est donc un problème connu et pour lequel aucune explication satisfaisante n'a été fournie.

En effet, le théorème de Noether démontre l'équivalence qui existe entre l'invariance par translation dans le temps, et la conservation de l'énergie. Autrement dit, si l'écoulement du temps est uniforme, alors l'énergie produite dans le passé se conserve indéfiniment.

Ce théorème permet de formuler un raisonnement déductif :

- *Prémisse :* Un écoulement uniforme du temps implique que l'énergie produite dans le passé se conserve indéfiniment.
- *Prémisse :* L'horloge matière indique que l'énergie des photons émis dans le passé n'est pas conservée.
- *Conclusion :* L'écoulement du temps selon l'horloge matière n'est pas uniforme.

Ce paradoxe temporel est le talon d'Achille de la modélisation cosmologique. En effet, la lumière constitue la presque totalité de l'information dont on dispose sur le cosmos et son évolution. Une interprétation erronée du décalage spectral cosmologique se traduit donc par une inconsistance du modèle.

La solution au paradoxe temporel

On sait que l'énergie d'un photon est déterminée par sa fréquence *f*. Si la fréquence (f_S) mesurée par la source émettrice diffère de celle mesurée par l'observateur (f_O), c'est que l'horloge de l'observateur ne bat pas au même rythme que celle de la source émettrice.

Heureusement, il existe bien un temps de Noether, celui pour lequel l'énergie de tout photon émis se conserve indéfiniment. Ce temps, c'est celui de l'horloge lumière, car c'est la fréquence même des photons qui cadence cette horloge. Le temps lumière est donc celui par rapport auquel les lois de la nature sont invariantes. Par exemple, la vitesse de la lumière serait constante selon le temps de l'horloge lumière. En effet, c'est bien la lumière qui lie le temps et l'espace, par l'entremise de sa vitesse, et non pas la matière.

Si nous percevons une dilatation du temps lumière, c'est parce que notre horloge matière accélère par rapport à l'horloge lumière. Selon l'horloge lumière, l'âge de l'Univers est invariant. Cette solution au paradoxe temporel est corroborée par l'observation du taux d'expansion de l'Univers, qui correspond bien à l'inverse de l'âge de l'Univers.

INTERPRÉTATION COSMOSPHÉRIQUE DE L'ESPACE

La dilatation de l'espace

Si l'âge de l'Univers est invariant, alors son rayon en distance lumière l'est aussi. Le taux de dilatation (*H*) est donc le même pour ces deux grandeurs adjonctives. Tout comme pour l'unité de temps, c'est l'unité de longueur elle-même qui se dilate. Parce que l'unité de temps « Année » se dilate continuellement, l'unité de distance « Année-lumière » fait de même. Cette dilatation spatiotemporelle est l'interprétation cosmosphérique de l'expansion de l'Univers. Elle autoriserait une abondance de possibilités pour le futur. Ce serait aussi l'explication de la flèche du temps : Un passé unique et immuable, mais un futur partiellement indéterminé.

La règle lumière et l'invariance spatiale de la Cosmosphère

Tout comme pour l'horloge matière et l'horloge lumière, on peut imaginer une règle matière et une règle lumière. La règle matière serait composée de matière ordinaire comme du bois ou du métal. La règle lumière utiliserait plutôt la longueur d'onde des rayons lumineux de l'horloge lumière. Comme mentionné précédemment, cette longueur d'onde se dilaterait par rapport à la règle matière. Si nous interprétons ce phénomène comme une expansion de l'espace, c'est parce que nous utilisons la règle matière pour mesurer les distances. D'un point de vue lumière, ce serait plutôt notre règle matière et nous-mêmes qui rapetissons par rapport aux dimensions invariantes de la Cosmosphère.

INTERPRÉTATION COSMOSPHÉRIQUE DE LA MASSE

On définit la masse comme une mesure de la quantité de matière, et la matière comme toute substance qui possède une masse. Cette tautologie cache mal notre difficulté à appréhender ces concepts pourtant intuitifs.

Tout comme le temps et l'espace, la masse serait une grandeur quantifiée et adjonctive. Si vous achetez deux meules de fromage d'un kilogramme chacune, la masse combinée des deux meules sera légèrement inférieure à deux kilos. Toutefois, lorsque vous aurez mangé un kilo de fromage, il vous en restera bien un autre kilo. Si cela vous semble étrange, songez qu'on peut additionner et soustraire des meules, mais pas des kilogrammes :

- 1 meule + 1 meule = 2 meules, mais
- 1 kg $\tilde{+}$ 1 kg $<$ 2 kg.

La mesure de la masse est intimement liée à l'horloge qu'on utilise. Dans sa thèse de 1924 *« Recherches sur la théorie des Quanta »,* Louis de Broglie élargit l'interprétation de la relation Planck-Einstein qui était alors limitée aux phénomènes électromagnétiques. Il suppose l'existence d'un phénomène périodique associé à la masse :

« On peut donc concevoir que par suite d'une grande loi de la Nature, à chaque morceau d'énergie de masse propre m, soit lié un phénomène périodique de fréquence ν *telle que l'on ait :* $h\,\nu = m\,c^2$*... Cette hypothèse est la base de notre système... »* (Broglie, 1924)

Cette hypothèse fut rapidement adoptée par la communauté scientifique et confirmée par la diffraction de l'électron en 1927.

L'interprétation cosmosphérique de ce phénomène périodique est le recentrage à haute fréquence des particules massives par rapport à la Cosmosphère. Ce recentrage périodique et quantifié des particules découle directement du principe cosmosphérique, qui exige que les corps massifs demeurent centrés par rapport à la Cosmosphère. Ce processus s'effectuerait de façon discontinue en raison de l'action minimum (h), le tout en conformité avec le principe de moindre action. Chaque type de particule pourrait correspondre à une forme particulière de projection cosmosphérique.

On peut considérer qu'une particule ne s'actualise ponctuellement que lors de ce recentrage par rapport à la Cosmosphère. Hormis ces évènements périodiques, l'existence de la particule ne serait que potentielle, telle que décrite par la fonction d'onde du système quantique duquel elle fait partie, c'est-à-dire l'Univers tout entier.

Le concept de matière serait donc une notion émergente qui résulte de multiples et incessantes projections cosmosphériques ponctuelles, qui se côtoient dans le temps et l'espace. La masse correspondrait à la quantité d'énergie piégée dans le volume d'espace où ce processus opère, c'est-à-dire celui que la matière occupe.

Cette interprétation cosmosphérique pourrait contribuer à une meilleure compréhension de certains phénomènes quantiques comme le problème de la mesure.

L'accroissement de la masse

Si l'horloge matière accélère, alors la fréquence f associée à la masse est en croissance continuelle. En supposant h et c constant, on calcule $\dot{m} = H\,m$, puisque $h\,f = m\,c^2$. C'est cet accroissement de la masse qui serait responsable de la gravité, et non pas la masse comme telle. Cette variation étant infime, cela expliquerait pourquoi la force gravitationnelle est si faible. Toutefois, lorsque la masse est importante comme dans le cas d'une planète, cet effet serait nettement perceptible. Par exemple, on sait que la masse de la terre est $M_T \approx 5{,}972 \times 10^{24}$ kg. L'accroissement de la masse terrestre ($\dot{M}_T = H\,M_T$) serait d'environ 14 000 t/s. À titre de comparaison, la masse de la charpente métallique de la tour Eiffel est d'environ 7 300 t.

L'accroissement de la masse est une hypothèse considérée par de nombreux auteurs dont (Jeans, 1928), (Dirac, 1937), (Hoyle, 1948), (Narlikar & Arp, 1993), (Fahr & Heyl, 2007), ainsi que (Wilhelm & Dwivedi, 2011).

La dimension de la constante gravitationnelle (G)

On peut montrer autrement que la masse des corps n'est pas constante. La constante gravitationnelle G est une mesure de la variation de l'espace (de dimension L^3), induite par la présence d'une masse M. La dimension même de cette constante nous renseigne sur le phénomène. Supposons que la présence d'une masse constante M soit la cause d'une variation de l'espace avoisinant. Cette variation devrait elle aussi être constante, puisqu'à cette échelle, une même cause (la masse M) engendre les mêmes effets (une variation de l'espace). La dimension de la constante gravitationnelle devrait alors être $M^{-1}\,L^3\,T^{-1}$, par exemple, des (m^3/s) par kg. Selon le principe cosmosphérique, pour contrer cette création d'espace additionnel, la pomme devrait alors établir une vitesse constante en direction de la terre.

Or, ce n'est pas ce qu'on observe. Même en supposant l'intensité du champ gravitationnel constant, on observe bien une accélération de la pomme, et en conséquence, la dimension de la constante gravitationnelle est $[G] = M^{-1} L^{3} T^{-2}$. Lorsqu'on laisse tomber une pomme, il y aurait plus d'espace induit par la masse terrestre dans la deuxième seconde de la chute de cette pomme que durant la première seconde. Il y en aurait encore davantage durant la troisième seconde et ainsi de suite, ce qui semble paradoxal. Si on laisse tomber une pomme chaque seconde, après quelques secondes, chaque pomme indiquera une mesure différente de la variation de l'espace pour une même période de chute.

En fait, ce qui est constant, ce n'est pas la variation de l'espace, mais plutôt la variation de cette variation. Pour que cela soit possible, un paramètre causal doit varier linéairement au fil du temps, et ce paramètre ne peut être que la masse M puisqu'aucun autre n'intervient.

Pour mieux comprendre le phénomène, on peut interpréter l'unité de mesure de G comme étant le (m^3/s) par (kg s). Selon cette analyse dimensionnelle, seule une variation constante de la masse terrestre peut rendre compte de l'accélération constante de la pomme.

La masse et l'énergie

Considérons les choses d'un point de vue cosmosphérique, c'est-à-dire qu'on suppose que les corps massifs se contractent par rapport à la Cosmosphère. Cette contraction engendre une vitesse d'éloignement maximum (c) des corps par rapport à la Cosmosphère, et ce dans toutes les directions.

Puisqu'un corps de masse M s'éloigne de la Cosmosphère à la vitesse c dans une direction, il s'en éloigne aussi à la même vitesse dans le sens contraire. L'énergie de masse de ce corps ($E = M c^2$) semble donc correspondre donc à l'énergie cinétique que celui-ci possède par rapport à la Cosmosphère.

L'ACCÉLÉRATION COSMIQUE

Si le temps se dilate et que la masse des corps est croissante, c'est que ceux-ci sont soumis à une accélération. Tous les corps massifs, incluant les horloges matières et nous-mêmes, seraient accélérés par rapport à la Cosmosphère. Cette accélération serait omnidirectionnelle, et sa valeur correspondrait au produit de la fréquence minimum (H) par la vitesse de la lumière (c), soit $H\,c \cong 6{,}996\,5 \times 10^{-10}\,\mathrm{m/s^2}$. À titre de comparaison, l'attraction terrestre est $1{,}4 \times 10^{10}$ fois plus intense.

Les implications de cette accélération cosmique ($H\,c$) sont majeures. Le paradigme du big bang suggère que le temps, l'espace, la matière et l'énergie auraient soudainement surgi du néant. Le principe cosmosphérique suggère plutôt que ces entités sont continuellement générées par la Cosmosphère, et que l'Univers est en perpétuelle évolution. Cette évolution cosmique affecte, non seulement notre lecture du passé, mais aussi celle de notre futur, à très long terme.

S'il n'y avait pas d'accélération cosmique, on n'observerait pas cette différence entre l'horloge lumière et l'horloge matière. La flèche du temps n'existerait pas et le temps ne pourrait pas s'écouler. Tout serait figé ; aucun changement, aucun mouvement et aucune évolution ne serait possible.

La force de compression cosmosphérique

Une conséquence de l'accélération cosmique est que les corps massifs seraient pris en étau par la Cosmosphère. Ils seraient soumis à une force de compression omnidirectionnelle. Pour expliquer l'augmentation de la masse M d'un corps, on suppose qu'une force $M H c$ appliquée dans une direction sur ce corps serait compensée par une force équivalente, mais de sens contraire.

L'anomalie Pioneer

Ces concepts d'horloge lumière, d'accélération des horloges atomiques et d'un accroissement de la masse de tous les corps massifs sont sérieusement considérés par des physiciens reconnus. En 2011, K. Wilhelm (Institut Max-Planck de recherche sur le Système solaire) et B. N. Dwivedi (Université hindoue de Bénarès) ont publié un article qui tente d'expliquer une anomalie des sondes spatiales Pioneer 10 et 11. Celles-ci semblent subir une légère décélération inexpliquée dont la valeur est proche de l'accélération cosmique ($H c$) décrite plus haut. L'hypothèse envisagée est une accélération de la cadence des horloges atomiques terrestres, ce qui se traduit par un accroissement de la masse de tous les corps massifs :

« Based on a gravitational impact model – requiring a secular mass increase of all massive bodies – a solution is proposed that implies a clock acceleration with a value close to that of the Hubble constant. » (Wilhelm & Dwivedi, An Explanation of the Pioneer anomaly involving accelerated atomic clocks, 2011)

En conformité avec le modèle cosmosphérique, la valeur de l'accélération des horloges atomiques serait proche de celle de la constante de Hubble. Bien que d'autres explications plus conventionnelles soient envisagées, la probabilité qu'elles correspondent à cette valeur est infime. De plus, des anomalies semblables ont aussi été observées sur les sondes Galileo et Ulysses. Grâce à la précision accrue des nouvelles horloges atomiques, l'accélération cosmique pourrait être mesurée sur des durées beaucoup plus courtes que celles associées aux voyages des sondes Pioneer. Malheureusement, la NASA et l'ASE semblent avoir abandonné les projets visant à élucider cette anomalie.

La non-conservation de l'énergie et de la quantité de mouvement

En physique, une loi de conservation stipule qu'une propriété mesurable d'un système physique reste constante au cours de l'évolution de ce système. Sur de courtes durées ou distances , on peut effectivement considérer que l'énergie et la quantité de mouvement sont conservées. Toutefois, on a vu qu' à l'échelle cosmologique, les modèles conventionnels impliquent que l'énergie des photons émis n'est pas conservée.

On a aussi vu que le théorème de Noether démontre que l'énergie se conserve au cours du temps. Or, cette démonstration présume que l'écoulement du temps (selon l'horloge matière) est uniforme, ce que l'hypothèse cosmosphérique réfute.

D'une manière ou d'une autre, on en conclut que l'énergie n'est pas conservée à l'échelle cosmologique. Les modèles conventionnels supposent une perte d'énergie des photons émis alors que le modèle cosmosphérique suppose un accroissement de l'énergie des particules massives.

Il en va de même en ce qui concerne la quantité de mouvement. Cette grandeur ne serait conservée que si la translation dans l'espace était effectivement invariante, c'est-à-dire si l'espace était homogène, ce que réfute aussi l'hypothèse cosmosphérique.

Prenons l'exemple de l'anomalie Pioneer décrite ci-haut. On peut interpréter ce phénomène spatialement. De son point de vue, la sonde Pioneer 10 maintient une vitesse constante et aucune décélération n'est ressentie. Toutefois, parce qu'elle s'éloigne de nous, les mètres qu'elle parcourt nous semblent de plus en plus courts. C'est la raison pour laquelle nous percevons une décélération de cette sonde. La quantité de mouvement de cette sonde n'est donc pas conservée selon le point de vue d'un observateur terrestre.

Maintenant, que se passerait-il si cette sonde faisait demi-tour et revenait vers nous à la même vitesse? Logiquement, les mètres qu'elle parcourt nous sembleraient de plus en plus longs et la vitesse de la sonde nous semblerait augmenter.

Les rayons cosmiques d'ultra-haute énergie

Les rayons cosmiques sont des particules de matière ionisée (ex. protons, noyau d'hélium, électrons...), dont plusieurs proviennent du soleil. Toutefois, certaines de ces particules sont d'origine extragalactique et atteignent une énergie supérieure à 10^{20} eV. Une telle énergie est macroscopique et comparable à celle d'une balle de tennis bien frappée.

On suppose que des champs magnétiques extrêmes sont à l'origine de ce phénomène, mais pour l'instant, on ignore l'origine de ces champs et les processus physiques à l'œuvre. Une explication alternative ou complémentaire serait l'accélération cosmique ($H\,c$). Sous l'effet de cette accélération, une particule de matière qui proviendrait des confins de l'Univers pourrait atteindre une vitesse relativiste, et posséder une énergie cinétique colossale.

L'ÉVOLUTION DE L'UNIVERS : UNE QUESTION DE PRINCIPE

Pour concevoir un système cosmologique cohérent, il est primordial de se questionner sur les principes et les hypothèses sur lesquels ce système s'appuie. La systémique suppose l'existence de principes directeurs qui régissent l'évolution du cosmos. Parmi ceux-ci, on peut identifier deux principes extremums :

- Un principe minimum (le principe de moindre action) qui minimise l'occurrence d'une entité minimum et invariante : le quantum d'action ;
- Un principe maximum (le principe cosmosphérique) qui garantit l'unicité d'une entité maximum et invariante : la Cosmosphère.

On a vu précédemment que les valeurs extremums servent de balises. Elles permettent de contenir les grandeurs physiques à l'intérieur de plages de mesures finies, évitant ainsi les singularités. Les principes directeurs, eux, permettent de rationaliser et de guider l'évolution cohérente du système. Sans eux, l'Univers serait voué au chaos, sans possibilité de structuration, de complexification, ni d'auto-organisation.

On sait qu'il y a très longtemps, l'Univers était dans un état d'équilibre thermique, essentiellement constitué d'un plasma d'hydrogène ionisé. Or cet état physique est caractérisé par une entropie maximum, c'est-à-dire qu'il est totalement désorganisé. Comment, alors, concilier l'organisation complexe des êtres vivants qu'on observe aujourd'hui avec l'augmentation globale d'une entropie autrefois maximale?

Pour contourner l'accroissement de l'entropie, un système doit disposer d'une source d'énergie qui peut effectuer un travail utile. Dans le cas d'une plante, cette source d'énergie, c'est le rayonnement solaire. Pour un animal c'est la nourriture, et pour un véhicule ce peut être du carburant ou une pile électrique. Dans tous les cas, cette source d'énergie doit être renouvelée.

L'Univers étant un système évolutif, il doit lui-même disposer d'une source inépuisable d'énergie pour pouvoir évoluer. Cette énergie, c'est la Cosmosphère qui la communique constamment à toutes les particules de matière. C'est pourquoi ces particules gagnent continuellement en masse. C'est grâce à cette énergie renouvelée que la matière peut s'organiser. Les particules peuvent s'agencer pour former des structures de plus en plus complexes : atomes, molécules, cellules et organismes multicellulaires.

Sans balises, principes directeurs, source d'énergie, ni flèche du temps, le hasard ne peut qu'engendrer l'état le plus probable : le chaos. J'en conclus que la cosmologie objective peut difficilement rendre compte de l'Univers que nous habitons, de sa complexité et de son évolution.

AU-DELÀ DES CONTRAIRES

Avant d'aborder la modélisation cosmologique comme telle, je crois utile de clarifier un point concernant *« L'ambition de dépasser les contraires »* que Werner Heisenberg évoquait au siècle dernier. La *« coïncidence des opposés »* nous apprend que ce dépassement des contraires concerne autant le Maximum que le Minimum. Il opère une certaine forme de conciliation entre différents points de vue qui semblent à priori irréconciliables. Peut-on vraiment contourner le principe de non-contradiction d'Aristote, et si oui comment?

La réponse à cette question réside en partie dans le processus même de conception tel que décrit dans l'introduction. On peut concevoir les choses de différentes façons et ces différents points de vue peuvent conduire à des conclusions divergentes. Par exemple :

- L'Univers en soi serait infini alors que sa projection, l'Univers pour soi serait fini.
- Selon l'horloge lumière, l'âge de l'Univers serait invariant, alors qu'il semble vieillir selon notre horloge matière.
- Selon la règle lumière, le rayon de la Cosmosphère serait invariant, même si on observe qu'il se dilate à la vitesse c selon notre règle matière.

Dans le texte, j'utilise différents points de vue selon le contexte. Par exemple, l'expansion cosmique suppose l'utilisation d'une instrumentation matière, alors que l'invariance cosmosphérique réfère à l'utilisation d'une instrumentation lumière. Il n'y a donc pas vraiment de contradiction dans le sens logique du terme.

LE MODÈLE COSMOSPHÉRIQUE

La prochaine étape consiste à identifier et assembler les morceaux du casse-tête cosmologique. Dans l'introduction, j'ai mentionné que la modélisation consistait essentiellement à identifier les concepts, et à les faire interagir de façon à représenter le fonctionnement cohérent, efficace, simple et esthétique du système.

Le réseau *MELT-hc*

Pour concrétiser cette modélisation cosmique, j'assimile les concepts à certaines grandeurs physiques (M: Masse, E: Énergie, L: Longueur et T: Temps), et les interactions, aux formules connues qui permettent de relier ces grandeurs entre elles :

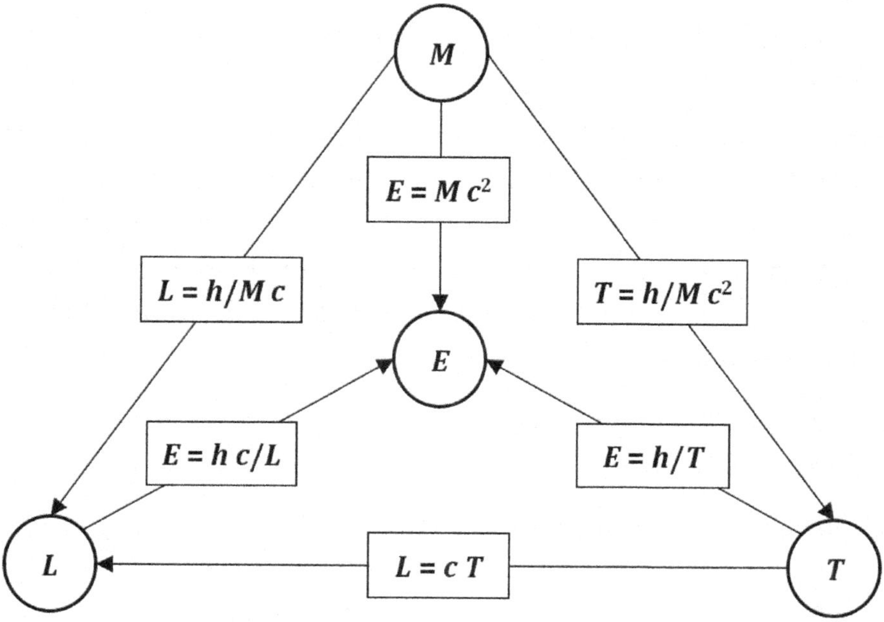

Figure 5 – Le réseau *MELT-hc*

Ce genre d'illustration est typiquement utilisé par les concepteurs de systèmes, et on y décèle rapidement une structure de type réseau. Les grandeurs physiques (M, E, L et T) sont représentées par des cercles, et les relations par des flèches comportant chacune une formule encadrée. Chaque flèche indique le sens de la relation exprimée par la formule reliant deux grandeurs. Ce sens est arbitraire et peut être inversé en modifiant la formule. Par exemple, la relation $E = M c^2$, la célèbre formule d'Einstein peut s'écrire $M = E/c^2$.

Le réseau *MELT-hc* comporte des équations connues qui expriment la nature ondulatoire de l'énergie et de la masse. La valeur de L correspond donc à une longueur d'onde, et celle de T, à la période de cette onde. Selon ce modèle, la relation $L = c\ T$ lie le temps à l'espace de la même façon que $E = M c^2$ lie la masse à l'énergie. C'est une conséquence directe du principe cosmosphérique. En fait, toutes les relations du modèle ont ce même statut universel.

La relation $E = h/T$ est une reformulation de la relation Planck-Einstein ($E = h\ f$), exprimée en fonction du temps (T). La relation $L = h/M\ c$ est la longueur d'onde de Compton associée à une masse M, et ainsi de suite. Ces relations relativement simples peuvent être déduites les unes des autres. Elles font intervenir deux valeurs extremums :

- l'action minimum (h), et
- la vitesse maximum (c).

C'est ce qui explique le nom du réseau : *MELT-hc*.

Le réseau cosmosphérique

Le réseau *MELT-hc* n'illustre qu'une partie du casse-tête cosmologique. Bien sûr, on peut y ajouter d'autres grandeurs physiques comme la force (F) ou l'action (A). Selon le modèle cosmosphérique, toutes les valeurs extremums peuvent être considérées comme des constantes universelles. Pour fin de simplicité et de conformité, les constantes usuelles (comme c, h et G) sont utilisées. Puisqu'on dispose de nouvelles hypothèses sur les grandeurs physiques, on peut imaginer l'image globale du casse-tête :

❖ **Un réseau de grandeurs physiques reliées les unes aux autres par des équations algébriques faisant intervenir les valeurs extremums d'autres grandeurs.**

Pour pouvoir formuler ces équations et calculer les valeurs extremums, des constantes physiques additionnelles sont requises. Si on se limite à ce qui précède, il n'y a pas suffisamment d'information pour assembler tous les morceaux du casse-tête.

Dans un premier temps, on peut faire intervenir la constante gravitationnelle (G) : $L=2G\,M/c^2$. Cette longueur L est ce qu'on appelle le rayon de Schwarzschild, c'est-à-dire le rayon d'une sphère en deçà de laquelle rien ne peut échapper à l'effet gravitationnel d'une masse M, pas même la lumière. C'est donc, dans un sens, la longueur minimum qu'on peut associer à une masse M.

Une constante additionnelle est requise, et c'est ici que la constante de Hubble (H) intervient. La valeur observée de ce taux minimum (ou fréquence minimum) est d'environ 72 km/s par mégaparsec. Ce modèle utilise une valeur calculée de H qui est traitée dans une section subséquente. Ce taux serait de 72,013 km/s par mégaparsec, ce qui correspond à une fréquence de $2{,}333\,8 \times 10^{-18}$ s^{-1}.

Et voilà, on dispose désormais de tous les éléments requis à l'assemblage du casse-tête cosmologique.

Notation des grandeurs physiques et des valeurs extremums

Aux grandeurs physiques apparaissant sur la figure 5 (M, E, L, T) s'ajoutent les suivantes :

- f : pour la fréquence, c'est-à-dire l'inverse d'une durée de dimension T
- F : pour la Force
- v : pour la vitesse
- a : pour l'accélération
- A : pour l'action
- Θ : pour la température

Pour référer à la valeur minimum d'une grandeur, l'indice $_{\mathbf{min}}$ est utilisé.

Pour référer à la valeur maximum d'une grandeur, l'indice $_{\mathbf{max}}$ est utilisé.

Lorsqu'une valeur extremum s'applique à l'ensemble de l'Univers, l'indice $_{\mathrm{U}}$ est parfois utilisé.

Assemblage du casse-tête cosmologique

L'assemblage du casse-tête cosmologique est une procédure algébrique qui consiste à calculer les valeurs extremums à partir de celles déjà connues et des relations précédemment identifiées.

On sait déjà que :

$v_{max} = c = 299\ 792\ 458$ m s^{-1}

$A_{min} = h = 6{,}626\ 070\ 15 \times 10^{-34}$ kg m^2 s^{-2}

$f_{min} = H \approx 2{,}333\ 8 \times 10^{-18}$ s^{-1}; c'est aussi le taux d'expansion de l'Univers 72,013 km/s par mégaparsec.

$T_{max} = H^{-1} \approx 4{,}284\ 9 \times 10^{17}$ s, ou 13,578 Ga (gigannées), l'âge de l'Univers.

$L_{max} = c/H \approx 1{,}284\ 6 \times 10^{26}$ m, ou 13,578 Gal (gigannées-lumière), le rayon de l'univers, aussi noté R_U.

$a_{min} = H\ c \approx 6{,}996\ 5 \times 10^{-10}$ m s^{-2}, l'accélération cosmique décrite précédemment.

Comme $E = h\ f$, $E_{min} = h\ f_{min} = h\ H \approx 1{,}546\ 4 \times 10^{-51}$ J

Comme $M = E/c^2$, $M_{min} = E_{min}/c^2 = h\ H/c^2 \approx 1{,}720\ 6 \times 10^{-68}$ kg

Comme $L = 2G\ M/c^2$, $L_{min} = 2G\ M_{min}/c^2 = 2G\ h\ H/c^4$
$\approx 2{,}555\ 5 \times 10^{-95}$ m

Comme $T = L/c$, $T_{min} = L_{min}/c = 2G\ h\ H/c^5 \approx 8{,}524\ 1 \times 10^{-104}$ s

Comme $v = L/T$, $v_{min} = L_{min}/T_{max} = (2G\ h\ H/c^4)\ /\ H^{-1} = 2G\ h\ H^2/c^4$
$\approx 5{,}963\ 9 \times 10^{-113}$ m s^{-1}

Comme $F = M\ a$, $F_{min} = M_{min}\ a_{min} = (h\ H/c^2)\ (H\ c) = h\ H^2/c$
$\approx 1{,}203\ 8 \times 10^{-77}$ N

Pour calculer les valeurs maximums*, on utilise la relation inverse :

$f_{max} = 1/T_{min} = c^5/2G\,h\,H \approx 1{,}173\ 1 \times 10^{103}\ s^{-1}$

Comme $E = h\,f$, $E_{max} = h\,f_{max} = c^5/2G\,H \approx 7{,}773\ 4 \times 10^{69}$ J, c'est l'énergie globale de l'Univers.

Comme $M = E/c^2$, $M_{max} = E_{max}/c^2 = c^3/2G\,H \approx 8{,}649\ 0 \times 10^{52}$ kg, la masse de l'Univers aussi notée M_U

Comme $a = f\,v$, $a_{max} = f_{max}\,c = c^6/2G\,h\,H \approx 3{,}517\ 0 \times 10^{111}\ m\ s^{-2}$

Comme $F = M\,a$, $F_{max} = M_{max}\,a_{max} = (c^3/2G\,H)\,(c^6/2G\,h\,H)$
$= c^9/4G^2\,h\,H^2 \approx 3{,}041\ 9 \times 10^{164}$ N

Comme $A = E\,T$, $A_{max} = E_{max}\,T_{max} = (c^5/2G\,H)\,(H^{-1}) = c^5/2G\,H^2$
$\approx 3{,}330\ 8 \times 10^{87}\ kg\ m^2\ s^{-2}$

En ce qui concerne la température (notée Θ) on peut calculer un ordre de grandeur des valeurs extremums Θ_{min} et Θ_{max} à l'aide de la constante de Boltzmann ($k_B = 1{,}380\ 649 \times 10^{-23}\ J\ K^{-1}$).

$\Theta_{min} \approx (E_{min}/k_B = h\,H/k_B) \approx 1{,}12 \times 10^{-28}$ K

$\Theta_{max} \approx (E_{max}/k_B = c^5/2\,G\,H\,k_B) \approx 5{,}63 \times 10^{92}$ K

Ces températures sont exprimées en termes d'entropie et de chaleur. Elles ne tiennent pas compte du nombre de degrés de liberté des particules.

* Les valeurs extremums sont listées en annexes B et C.

Le choix des constantes fondamentales

Dans les équations qui précèdent, j'utilise les constantes conventionnelles (c, h, G et k_B) auxquelles j'ai ajouté la constante de Hubble (H). Toutefois, ce choix est arbitraire, et l'algèbre cosmosphérique autorise l'utilisation d'autres valeurs.

Par exemple, on pourrait considérer que la constante gravitationnelle G est dérivée de valeurs extremums, considérées plus fondamentales. En effet, si $M_U = c^3/2G\,H$, c'est que $\boldsymbol{G = c^3/2H\,M_U}$. En remplaçant l'expression ($2G$) dans les équations du modèle par ($c^3/H\,M_U$), on obtient :

$L_{min} = h/\,M_U\,c$	au lieu de	$L_{min} = 2G\,h\,H/c^4$
$\nu_{min} = H\,h/M_U\,c$	au lieu de	$\nu_{min} = 2G\,h\,H^2/c^4$
$T_{min} = h/M_U\,c^2$	au lieu de	$T_{min} = 2G\,h\,H/c^5$
$E_{max} = M_U\,c^2$	au lieu de	$E_{max} = c^5/2G\,H$
$A_{max} = M_U\,c^2/H$	au lieu de	$A_{max} = c^5/2G\,H^2$
$f_{max} = M_U\,c^2/h$	au lieu de	$f_{max} = c^5/2G\,h\,H$
$a_{max} = M_U\,c^3/h$	au lieu de	$a_{max} = c^6/2G\,h\,H$
$F_{max} = M_U^2\,c^3/h$	au lieu de	$F_{max} = c^9/4G^2\,h\,H^2$

L'utilisation de M_U au lieu de G me semble plus simple et plus facile à interpréter.

Ces équations visent à illustrer les possibilités du modèle cosmosphérique. Toutefois, pour fin de conformité, j'utilise généralement les constantes conventionnelles.

L'algèbre cosmosphérique

L'algèbre cosmosphérique permet d'exprimer les relations du modèle de diverses manières, à l'aide des différentes valeurs extremums. Par exemple, pour calculer la masse de l'univers (M_U), on peut poser :

$M_{max} = E_{max}/c^2 = L_{max}\, c^2/2G = T_{max}\, c^3/2G = hc/2G\, M_{min} = hc^3/2G\, E_{min} = h/c\, L_{min} = h/T_{min}\, c^2 = c^3/2G\, H$ ...

Les morceaux du casse-tête cosmosphérique s'imbriquent tous les uns aux autres. Si vous êtes à l'aise avec l'algèbre, vous pouvez vous-mêmes formuler d'autres équations à l'aide de celles déjà fournies. Si comme moi, vous aimez les intrigues, je vous suggère de consulter **l'annexe G – L'énigme *MELT-G*.**

Une relation importante du modèle découle des valeurs extremums de la masse. En effet, on constate que le produit $M_{min}\, M_{max} = (h\, H/c^2)\, (c^3/2G\, H) = h\, c/2G$, d'où $\boldsymbol{h\, c = 2G\, M_{min}\, M_{max}}$. Cette relation sera utilisée ultérieurement.

Calcul additionnel de valeurs spécifiques

Si on suppose que les surfaces minimums (s_{min}) et maximums (s_{max}) correspondent à celles de disques centrés sur l'observateur, alors :

$s_{min} = \pi\, L_{min}^2 = \pi\, (2G\, h\, H/c^4)^2 = 4\pi\, G^2\, h^2\, H^2/c^8 \approx 2.051\,6 \times 10^{-189}\, m^2$

$s_{max} = \pi\, L_{max}^2 = \pi\, c^2/H^2 \approx 5.184\,1 \times 10^{52}\, m^2$

Si on suppose que les volumes minimums (V_{min}) et maximums (V_{max}) correspondent à ceux de sphères centrées sur l'observateur, alors :

$V_{min} = (4/3)\pi\, L_{min}^3 = (4/3)\pi\, (2G\, h\, H/c^4)^3 = 32\pi\, G^3\, h^3\, H^3/3c^{12}$
$\approx 6.990\,2 \times 10^{-284}\, m^3$

$\boldsymbol{V_{max}} = (4/3)\pi\, L_{max}^3 = (4/3)\pi\, (c/H)^3 = \boldsymbol{4\pi\, c^3/3H^3}$
$\approx 8.879\,2 \times 10^{78}\, m^3$, le volume de l'Univers aussi noté $\boldsymbol{V_U}$.

Comme on a précédemment calculé que $\boldsymbol{M_U = c^3/2G\, H}$, la masse volumique de l'univers serait :

$\boldsymbol{M_U/V_U} = (c^3/2G\, H)\; /\; (4\pi\, c^3/3H^3) = \boldsymbol{3H^2/8\pi\, G}$
$\approx 9{,}740\,8 \times 10^{-27}$ kg m^{-3}, et sa densité d'énergie :

$\boldsymbol{\rho_U = 3c^2\, H^2/8\pi\, G = \rho_C} \approx 8.754\,6 \times 10^{-10}$ J m^{-3}

On retrouve bien l'équation de Friedman qui décrit un univers dont la densité (ρ_U) est égale à la densité critique (ρ_C). Le modèle cosmosphérique implique donc un univers de courbure nulle selon la relativité générale, c'est-à-dire qu'il posséderait une géométrie euclidienne à très grande échelle. À ce jour, ce résultat est corroboré par l'observation, et confirme la consistance du modèle cosmosphérique.

Si on utilise M_U au lieu de G, l'équation de Friedman devient :

$\boldsymbol{\rho_U = 3H^3\, M_U/4\pi\, c}$, ce qui correspond logiquement à $\boldsymbol{\rho_U = M_U\, c^2/V_U}$.

L'entropie de l'Univers (S_U)

L'entropie peut être considérée comme une mesure de l'information requise pour décrire l'état d'un système. En posant $k_B = 1$, on peut exprimer l'entropie en nat, qui est l'unité naturelle pour quantifier cette grandeur. L'entropie globale de l'Univers peut alors être associée à un ratio que je note (Σ) :

$$S_{U(nat)} = \Sigma = E_{max}/E_{min} = (c^5/2G\,H)/(h\,H) = c^5/2G\,h\,H^2$$
$$\approx 5{,}026\,8 \times 10^{120}$$

On pourrait tout aussi bien calculer ce mystérieux ratio à l'aide d'une autre grandeur comme l'Action ou la Fréquence. En effet, on constate que le ratio max/min d'une grandeur physique est un exposant naturel de cette constante sans dimension (Σ). Par exemple, le ratio max/min des grandeurs Longueur, Temps et Masse est du premier degré (Σ). Celui de la grandeur Surface est du second degré (Σ^2) et celui de la grandeur Volume, du troisième degré (Σ^3).

Il existe d'autres façons d'exprimer l'entropie. Le système SI préconise d'exprimer l'entropie en joule par kelvin. L'entropie globale de l'Univers est alors : $S_{U(SI)} = \Sigma \times k_B = 6{,}940\,3 \times 10^{97}$ J/K.

On utilise aussi le bit (binary digit) comme unité de mesure de l'entropie, et $S_{U(bit)} = \Sigma \,/\, \ln(2) = 7{,}252\,2 \times 10^{120}$ bits. Cette valeur s'apparente alors à la limite de Lloyd qui correspond au nombre de bits d'information traités par l'univers depuis son origine (Lloyd, 2002).

La masse de Wesson et la constante cosmologique (Λ)

En 2003, l'astrophysicien Paul S. Wesson, alors professeur à l'université de Waterloo, a publié un article intitulé *« Is Mass quantized? »* (Wesson, 2003), *« La masse est-elle quantifiée? »*. Il suppose l'existence d'un quantum de masse, c'est-à-dire la plus petite quantité de masse qui puisse physiquement exister.

Ce quantum de masse que Wesson note m_P (en référence à Planck) est calculé à l'aide des constantes c, h et Λ. La constante cosmologique (Λ) est utilisée par les modèles cosmologiques de type ΛCDM (Lambda Cold Dark Matter). Elle n'intervient pas dans le calcul des valeurs extremums du modèle cosmosphérique, mais curieusement, la masse quantique de Wesson correspond à la masse minimum du modèle cosmosphérique :

$m_P \approx M_{min} \approx 2 \times 10^{-68}$ kg.

Selon Wesson, $m_P = (h/c)\ (\Lambda/3)^{1/2}$, comparativement à $M_{min} = H\ h/c^2$ selon le modèle cosmosphérique. En multipliant ces équations par c/h, on obtient $(\Lambda/3)^{1/2} = H/c$, d'où :

$\mathbf{\Lambda = 3H^2/c^2 \approx 1{,}818 \times 10^{-52}\ m^{-2}}$, selon l'hypothèse Λ de Wesson.

De plus, à l'aide des constantes c, G et Λ, Wesson calcule la masse globale de l'univers qu'il note m_E (en référence à Einstein) : $m_E = (c^2/G)\ (3/\Lambda)^{1/2}$. Si on fait abstraction du facteur 2 dans la formulation cosmosphérique ($M_U = c^3/2G\ H$), on retrouve bien la relation $\Lambda = 3H^2/c^2$. D'ailleurs, ces deux masses maximums sont du même ordre de grandeur : $m_E \approx M_U \approx 1 \times 10^{53}$ kg.

Le professeur Wesson conclut :

« En résumé, les données astrophysiques montrent que nous devrions ajouter la constante cosmologique Λ aux paramètres fondamentaux de la physique, ce qui implique une masse associée à

la constante de Planck d'environ 2 × 10^{-65} g, et une masse associée à la constante gravitationnelle d'environ 1 × 10^{56} g. » (Wesson, 2003)

Les calculs du professeur Wesson, malheureusement décédé en 2015, corroborent le modèle cosmosphérique et les hypothèses précédemment formulées sur les valeurs extremums des grandeurs physiques. En ajoutant un paramètre cosmologique (soit H, soit Λ) aux constantes dites fondamentales (c, h et G), l'analyse dimensionnelle révèle l'existence de valeurs extremums pour la masse, et ces valeurs peuvent être calculées.

La concordance des deux formes de calcul confirme que le taux d'expansion de l'Univers (H) n'est pas une valeur quelconque qui varie au fil du temps, mais bien une constante universelle qui permet de calculer les valeurs extremums de la masse, et donc celles de l'énergie, de la fréquence, etc.

La constante de Hubble et le calcul de la masse

L'utilisation de la constante de Hubble pour calculer les valeurs extremums de la masse n'est pas une nouvelle idée . En 1958, Fred Hoyle présente son modèle de l'état stationnaire au congrès Solvay de physique à Bruxelles (Hoyle, The Steady State Theory, 1958). On y retrouve la formulation cosmosphérique de la masse contenue dans la sphère de Hubble : $\boldsymbol{M_U = c^3/2G\,H}$.

Des équations semblables seront formulées par (Narlikar, 1993), (Carvalho, 1995), et (Haranas & Harney, 2009). En 2013, Dimitar Valev fait de même et calcule une masse infime du même ordre de grandeur que la masse minimum : $m_1 \sim \hbar\, H/c^2$ (Valev, 2013).

Au-delà de la précision des calculs, le modèle cosmosphérique assimile ces valeurs extremums à des constantes fondamentales, et permet de les enchâsser dans un système unifié.

Les unités de Planck

Les unités de Planck sont des valeurs très petites ou très grandes, qui sont calculées à l'aide de constantes physiques dites fondamentales comme c, G, $\hbar$ ($h/2\pi$) et k_B (la constante de Boltzmann). En appliquant les règles de l'analyse dimensionnelle, on obtient les valeurs suivantes :

La longueur de Planck : $L_P = \sqrt{G\hbar/c^3} \approx 1.616 \times 10^{-35}$ m

Le temps de Planck : $T_P = \sqrt{G\hbar/c^5} \approx 5.391 \times 10^{-44}$ s

La masse de Planck : $M_P = \sqrt{\hbar c/G} \approx 2.176 \times 10^{-8}$ kg

L'énergie de Planck : $E_P = \sqrt{\hbar c^5/G} \approx 1.956 \times 10^9$ J

La température de Planck : $\Theta_P = E_P/k_B \approx 1{,}417 \times 10^{32}$ K

Selon le modèle cosmosphérique, ces valeurs ne correspondent pas aux valeurs extremums des grandeurs énumérées.

Par exemple, la masse de Planck ($M_P \approx 2{,}176 \times 10^{-8}$ kg) correspond environ à celle d'un minuscule insecte. C'est peut-être la masse minimum pour un insecte, mais certainement pas pour une particule élémentaire comme l'électron qui fait environ $9{,}109 \times 10^{-31}$ kg.

L'énergie de Planck ($E_P \approx 1.956 \times 10^9$ J) est d'environ 278 kWh, ce qui correspond à l'énergie libérée par 31 L d'essence. Cette valeur ne constitue donc pas une limite physique.

Pour calculer les valeurs extremums autres que c et h, il faut disposer d'une constante additionnelle comme H, par exemple.

Les valeurs intermédiaires du modèle cosmosphérique

Les valeurs intermédiaires* du modèle cosmosphérique (indicées $_{\mathbf{int}}$) sont du même ordre de grandeur que les unités de Planck. Elles correspondent à la racine carrée du produit des valeurs extremums.

Par exemple, $M_{\text{int}} = \sqrt{M_{\text{min}} M_{\text{max}}} \approx 1{,}77\, M_{\text{P}}$ est la masse pour laquelle la longueur d'onde de Compton est égale au rayon de Schwarzschild : $L_{\text{int}} = \sqrt{L_{\text{min}} L_{\text{max}}} \approx 3.54\, L_{\text{P}}$.

Ces valeurs ont aussi la particularité d'équivaloir à l'inverse de la valeur intermédiaire inverse. Par exemple, $T_{\text{int}} = 1/f_{\text{int}}$ et $f_{\text{int}} = 1/T_{\text{int}}$.

La différence entre les valeurs intermédiaires du modèle cosmosphérique et les unités de Planck est attribuable d'une part à l'utilisation d'un facteur 2 associé à la constante G, et d'autre part, à l'utilisation de h au lieu de $\hbar$. Sur ce dernier point, le système cosmosphérique n'autorise pas l'utilisation d'une valeur Action qui serait inférieure à l'action minimum (h). Bien sûr, on peut utiliser l'expression $h/2\pi$ dans une équation, mais cette valeur est alors une action/radian. Comme le radian est un angle (une grandeur sans dimension), l'utilisation de $\hbar$ peut donner l'impression d'une quantité d'action inférieure à h.

* Les valeurs intermédiaires sont listées en annexe D.

L'Univers est-il un trou noir?

Mathématiquement, le modèle cosmosphérique suppose que l'univers est un gigantesque trou noir cosmique de masse M_U, et dont l'horizon est la Cosmosphère ($R_U = 2G\,M_U/c^2$). Comme on l'a vu précédemment, l'Univers est un système fermé, clos sur lui-même. Il est impensable que quelque chose puisse franchir la Cosmosphère, ne serait-ce qu'un seul photon. Le confinement de l'Univers par la Cosmosphère est donc compatible avec les propriétés physiques du trou noir cosmique.

Il faut toutefois distinguer l'Univers des trous noirs qu'il contient. Les trous noirs stellaires ou galactiques ont été forgés par la matière. Ils ont une naissance, une évolution, et si on se réfère aux théories en vigueur, ils finiront par s'évaporer. Ils tournent sur eux-mêmes, peuvent être chargés électriquement, et grossissent en avalant la matière environnante.

En ce qui concerne l'Univers dans son ensemble, il n'y a rien de tout cela. Comme le disait Platon il y a vingt-quatre siècles, « *Rien n'en sortait et rien n'y entrait de nulle part, puisqu'il n'y avait rien en dehors de lui…* ». La Cosmosphère constitue bien l'horizon de l'Univers, mais contrairement à l'horizon des trous noirs ordinaires, elle est invariante.

Vous vous demandez peut-être à quoi ressemble l'intérieur d'un trou noir. Que se passe-t-il au centre d'un trou noir, là où théoriquement la courbure de l'espace-temps devient infinie ?

L'hypothèse cosmosphérique est étonnante. Elle stipule que nous occupons déjà le centre du trou noir cosmique, et que quoi que nous fassions, nous sommes destinés à y demeurer.

Le facteur 2 précédant la constante gravitationnelle G

La relation $L = 2G\,M/c^2$ (le rayon de Schwarzschild d'une masse M) implique qu'un facteur 2 précédant la constante gravitationnelle G est présent dans les équations du modèle. Par exemple :

$\boldsymbol{F_{min} = 2G\,M_{min}\,M_{max}/L_{max}^2}$ et $\boldsymbol{F_{max} = 2G\,M_{min}\,M_{max}/L_{min}}$.

Ce facteur 2 peut être dérivé de l'énergie cinétique (E_c) d'un corps de masse m se déplaçant à la vitesse v ($E_c = ½m\,v^2$). En effet, la force gravitationnelle est dite conservative, c'est-à-dire que la somme de l'énergie cinétique (E_c) et de l'énergie potentielle (E_p) se conserve.

Pour échapper à l'attraction gravitationnelle d'un corps de masse M à une distance L, l'énergie cinétique du corps en mouvement doit être égale (ou supérieure) à l'énergie potentielle exercée par le corps de masse M à cette distance ($E_p = G\,M\,m/L$).

En posant $E_c = E_p$, on obtient $L = 2G\,M/v^2$, où v correspond à la vitesse de libération du corps en mouvement à la distance L. Si on maximise cette vitesse ($v = c$), on minimise alors L en fonction de M, ce qui correspond au rayon de Schwarzschild.

Dans les faits, ce facteur 2 est aussi pris en compte dans les équations relativistes d'Einstein et de Friedman.

LA PRÉCISION DES VALEURS EXTREMUMS DU MODÈLE

La valeur mesurée du taux d'expansion de l'Univers (H) est à ce jour imprécise. Les valeurs observées oscillent entre 70 et 74 km/s par mégaparsec, dépendamment des techniques utilisées. Les valeurs calculées du modèle cosmosphérique devraient donc souffrir de cette imprécision. Pour combler cette lacune, il faut faire intervenir une autre valeur connue, mais plus précise. Cette précision accrue se propage alors à la valeur de H et aux autres valeurs calculées du modèle. Une candidate potentielle serait la charge élémentaire (notée e). Depuis mai 2019, la valeur de la charge élémentaire est fixée par définition à $1{,}602\,176\,634 \times 10^{-19}$ C.

La loi de Coulomb

La loi de Coulomb régit la force électrostatique qui résulte de l'interaction entre deux charges. Elle a une forme similaire à la loi de la gravitation universelle : $F = k_e \, q_1 \, q_2/r^2$, où k_e est la constante de Coulomb ($k_e \approx 8{,}987\,551\,792 \times 10^9$ N m^2 C^{-2}), q_1 et q_2 sont les deux charges en interaction exprimées en coulomb, et r est la distance en mètre qui sépare ces deux charges considérées comme ponctuelles.

Tout comme la force gravitationnelle, la force électrostatique est conservative, et un facteur 2 précède parfois la constante de Coulomb (k_e) pour les mêmes raisons décrites précédemment.

La constante de structure fine (α)

La constante de structure fine (notée α) est une grandeur sans dimension aussi appelée constante de couplage pour l'interaction électromagnétique. Elle correspond au rapport $k_e\, e^2/\hbar\, c$ et sa valeur est d'environ 1/137. Compte tenu des observations précédemment formulées sur l'utilisation de $\hbar$ et k_e, le ratio qui nous intéresse serait plutôt $2k_e\, e^2/h\, c$, ou encore α/π.

Comme on a vu précédemment que $h\, c = 2G\, M_{min}\, M_{max}$, on en déduit que $\boldsymbol{\alpha/\pi = k_e\, e^2/G\, M_{min}\, M_{max}}$.

Le ratio (β) entre la force électrostatique et la force gravitationnelle

Comme la loi de Coulomb et celle de Newton ont une forme similaire, on a vite fait de comparer les deux forces en titre par l'établissement d'un ratio (noté β). Si on considère l'interaction électron-proton (indicée $_{ep}$), alors $\boldsymbol{\beta = k_e\, e^2/G\, m_e\, m_p}$, où m_e est la masse de l'électron et m_p, celle du proton. Ce ratio dont la valeur est de $\beta \approx 2{,}268\,7 \times 10^{39}$ a été popularisé au début du 20e siècle par Arthur Eddington et Paul Dirac. Tout comme la constante de structure fine (α), ce grand nombre sans dimension continue d'intriguer.

Des deux équations précédentes, il ressort que :

$\boldsymbol{\alpha/\pi = \beta\, m_e\, m_p/M_{min}\, M_{max}}$,

ce qui pourrait contribuer à une meilleure compréhension de ces mystérieux ratios.

L'équation grecque (sans dimension)

À ce stade, on dispose de trois constantes sans dimension :

- Le ratio max/min : $\Sigma \approx 5{,}026\,8 \times 10^{120}$
- La constante de structure fine : $\alpha \approx 7{,}297\,353 \times 10^{-3}$
- Le ratio entre la force électrostatique et la force gravitationnelle : $\beta \approx 2{,}268\,7 \times 10^{39}$

Numériquement, on constate que ces valeurs sont reliées entre elles par la relation $\boldsymbol{\alpha/\pi = \beta^3/\Sigma}$ que j'appelle l'équation grecque en raison des caractères grecs qui la composent. Voici pourquoi :

L'intégration du ratio β au modèle cosmosphérique implique l'existence d'une quantité de force électrostatique (ou électron-proton) $F_{ep} = \beta\, F_{min}$. Les forces électrostatiques et gravitationnelles étant conservatives, on peut associer au couple électron-proton une quantité d'énergie électrostatique $E_{ep} = \beta\, E_{min}$. Or, cette valeur de E_{ep} peut être calculée précisément à l'aide de la relation $\boldsymbol{E_{ep}^2 = m_e\, m_p\, c^4}$.

En effet, cette équation est similaire à celle qui régit l'énergie intermédiaire : $\boldsymbol{E_{int}^2 = M_{min}\, M_{max}\, c^4}$. En utilisant les valeurs du CODATA 2018, on calcule : $E_{ep} = \sqrt{m_e\, m_p}\; c^2 \approx 3{,}508\,2 \times 10^{-12}$ J.

Puisque $\alpha/\pi = \beta\, m_e\, m_p / M_{min}\, M_{max}$, en multipliant le second membre de cette équation par c^4/c^4, on obtient $\alpha/\pi = \beta\, E_{ep}^2/E_{int}^2$.

En remplaçant E_{ep}^2 par $(\beta^2\, E_{min}^2)$, on obtient :
$\alpha/\pi = \beta\, (\beta^2\, E_{min}^2)/E_{int}^2 = \beta^3\, E_{min}^2/E_{int}^2$.

Or, $E_{min}^2/E_{int}^2 = E_{min}^2/E_{min}\, E_{max} = E_{min}/E_{max} = 1/\Sigma$, vérifiant l'équation grecque : $\boldsymbol{\alpha/\pi = \beta^3/\Sigma}$, qui peut aussi s'écrire $\boldsymbol{\Sigma = \pi\, \beta^3/\alpha}$.

Calcul du taux d'expansion (*H*) et de l'âge de l'Univers

Comme $E_{min} = h\,H = E_{ep}/\beta$, on en déduit que :

$\boldsymbol{H = E_{ep}/\beta\, h \approx 2{,}333\,8 \times 10^{-18}\ s^{-1}}$,
ou **72,013 km/s par mégaparsec**.

L'âge de l'Univers serait alors de :

$\boldsymbol{H^{-1}}$ **≈ 13,578 Ga (gigannées).**

La précision de ces calculs dépend de celle avec laquelle on peut déterminer la valeur des constantes physiques, notamment celle de G et dans une moindre mesure, celles de k_e, m_e et m_p.

Globalement, ces valeurs sont compatibles avec l'observation. L'âge d'anciennes étoiles de très faible métallicité, comme « SMSS J160540.18–144323.1 » ou « 2MASS J18082002-5104378 B » est estimé à 13,5 Ga. Comme plusieurs anciennes étoiles orbitent dans le plan galactique, notre Voie lactée serait elle-même très âgée. La galaxie la plus distante observée à ce jour est GN-z11, telle qu'elle était il y a 13,4 Ga.

Dans un modèle de type big bang, la formation des premières étoiles nécessite une période de gestation de l'Univers, aujourd'hui estimée à plusieurs centaines de millions d'années.

En revanche, selon le modèle cosmosphérique, l'âge de l'Univers était déjà de 13,578 Ga à la naissance des anciennes étoiles. Celles-ci auraient donc eu tout le temps requis pour pouvoir se former.

Portée et réfutabilité de l'hypothèse grecque

L'hypothèse grecque implique que les constantes physiques sont reliées entre elles. En développant l'équation $H = E_{ep}/\beta h$, on obtient :

$\boldsymbol{H = G\,(m_e m_p)^{3/2} c^2 / h\, k_e e^2}$ s^{-1}.

L'âge de l'Univers serait donc de :

$\boldsymbol{h\, k_e e^2 / G\,(m_e m_p)^{3/2} c^2}$ secondes.

Par construction, les constantes sans dimension sont aussi reliées entre elles :

$$\boldsymbol{m_e m_p / M_{min} M_{max} = \beta^2/\Sigma = \alpha/\beta\pi}$$

De même si vous vous demandez pourquoi : $\boldsymbol{m_p/m_e \approx 1836{,}153}$ ce serait parce que :

$$\boldsymbol{\sqrt{m_p/m_e} = \beta M_{min}/m_e = m_p/\beta M_{min} \approx 42.850}$$

Dans l'ouvrage *« Le guide du voyageur galactique »* de Douglas Adams, une civilisation avancée se questionne sur la vie, l'Univers et le reste. Après 7,5 millions d'années de réflexion, le superordinateur *« Pensées profondes »* fournit enfin la réponse : 42, ce qui est proche du résultat précédent. Le problème est que personne ne connaît vraiment la question à cette réponse!

Plus sérieusement, l'hypothèse grecque est réfutable au sens du philosophe Karl Popper. Elle pourra éventuellement être réfutée ou non par des mesures plus précises de H ou d'autres observations. Quoi qu'il en soit, cela ne remet pas en cause le principe cosmosphérique, mais seulement la précision du modèle.

L'INTERPRÉTATION COSMOSPHÉRIQUE DU MOUVEMENT

Selon le système cosmosphérique, tout mouvement d'un corps massif par rapport à un autre vise à maintenir l'unicité et l'isotropie spatiale de la Cosmosphère. Sous l'effet d'une force vectorielle, un corps massif (ou objet) contracte les longueurs dans la direction de cette force et les dilate dans la direction opposée. Cette déformation spatiale est alors ressentie par l'objet sous la forme d'une accélération. Par rapport à sa position initiale, l'objet se déplace alors en direction des longueurs contractées, de façon à demeurer centré par rapport à la Cosmosphère. En effet, les longueurs n'étant plus les mêmes que dans le référentiel initial, sans ce déplacement, l'expansion perçue de la Cosmosphère ne serait plus isotrope pour cet objet.

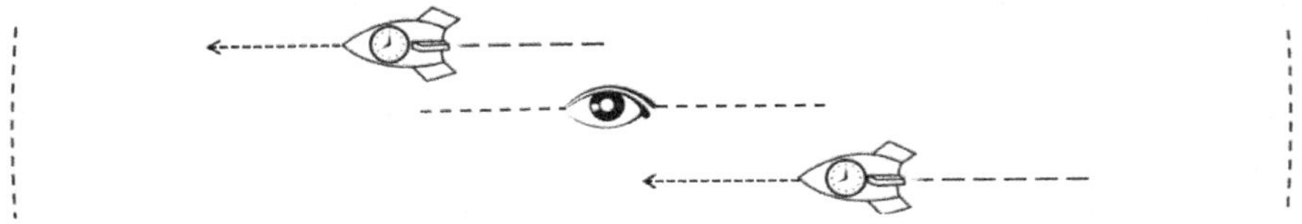

Figure 6 - Déformation spatiale pour un corps en mouvement

Sur ce schéma fantaisiste, les tirets de la ligne centrale représentent les unités de longueur de l'observateur stationnaire, ici représenté par un œil. Du point de vue de cet observateur, l'unité de longueur d'un voyageur lui semble contractée lorsque celui-ci s'approche, alors qu'elle lui semble dilatée lorsque celui-ci s'éloigne.

Ces corrections spatiales sont requises de façon à ce que la vitesse à laquelle la Cosmosphère s'éloigne de tout observateur (c) soit la même dans tous les référentiels et toutes les directions. Ce mécanisme permet d'établir une vitesse relative entre les objets, mais celle-ci est limitée par la vitesse maximum (c).

L'interprétation cosmosphérique du facteur Doppler (δ)

Le facteur de contraction ou de dilatation observé est défini par ce qu'on appelle l'effet Doppler-Fizeau. Le facteur Doppler (noté δ) est défini comme le rapport entre la fréquence de la source émettrice de lumière (f_s) et celle observée (f_o). Comme la valeur de c est invariante, ce rapport est le même que celui entre la longueur d'onde observée (λ_o) et celle de la source émettrice (λ_s). On observe que :

$$\delta = f_s/f_o = \lambda_o/\lambda_s = \sqrt{1+\beta}\ /\ \sqrt{1-\beta}, \text{ où } \beta = \pm v/c$$

L'interprétation cosmosphérique de ce facteur diffère toutefois de l'interprétation relativiste. Cette dernière suppose une déformation complexe d'une hypothétique réalité objective. L'interprétation cosmosphérique réfère simplement à la réalité subjective de l'observateur.

Du point de vue de l'observateur, lorsqu'un objet s'approche de lui, il s'éloigne de la Cosmosphère, et inversement, lorsqu'il s'éloigne de lui, il se rapproche de la Cosmosphère. C'est pour cette raison qu'on observe une inversion du facteur Doppler lorsqu'un objet en mouvement croise l'observateur.

Du point de vue cosmosphérique, le facteur de contraction ou de dilatation temporelle est toujours le même que celui de la déformation spatiale. En effet, c'est bien ce qu'implique la relation $L = c\,T$. L'âge de l'Univers correspond toujours à la distance lumière qui nous sépare de la Cosmosphère.

Les changements conceptuels – On ne peut pas tout garder

Dans toute démarche conceptuelle, on doit identifier ce qui est utile à la compréhension (ici, celle des phénomènes) et élaguer ce qui ne l'est pas. En effet, si on se contente d'introduire de nouveaux concepts et principes, ce qui devient superflu risque fortement d'entrer en conflit avec ce qui est nouveau. Par exemple, au début du 20e siècle, les concepteurs des équations relativistes, Hendrix Lorentz et Henri Poincaré jonglaient encore avec la notion d'éther. Malheureusement, ce concept d'éther est difficilement compatible avec la relativité restreinte d'Einstein. Il est souvent plus difficile d'abandonner certaines notions bien ancrées que d'en introduire de nouvelles. Un dilemme similaire se pose en ce qui concerne l'espace-temps et la Cosmosphère. Selon mon analyse, ces deux concepts sont mutuellement exclusifs et on doit faire un choix :

- le principe copernicien et le concept d'espace-temps objectif qui lui est associé, ou
- le principe cosmosphérique qui repose sur le concept de Cosmosphère.

On peut considérer que l'espace-temps est au principe cosmosphérique, ce que l'éther est à la relativité : un obstacle à la compréhension. Tout comme le concept d'espace-temps rend celui d'éther superflu, le principe cosmosphérique suggère de remplacer l'espace-temps par la Cosmosphère.

Pour justifier cette position dissidente, il faut imaginer une expérience qui puisse être expliquée à l'aide du concept de Cosmosphère, là où celui d'espace-temps échoue. Pour ce faire, je m'appuie sur les travaux antérieurs de spécialistes dans le domaine.

Le paradoxe des jumeaux de Langevin

La cohérence interne de la relativité restreinte a rapidement été mise en doute. Dès 1911, le physicien Paul Langevin présente une expérience de pensée qui semble montrer que la relativité restreinte est contradictoire. Cette expérience de pensée a évolué pour devenir ce qu'on appelle aujourd'hui le paradoxe des jumeaux de Langevin :

Un des jumeaux reste sur terre, pendant que son frère voyage dans l'espace, à très grande vitesse. Selon la relativité restreinte, l'horloge du jumeau voyageur doit ralentir par rapport à celle de son frère. À son retour, le jumeau voyageur serait donc plus jeune que son frère. Toutefois, s'il n'y a pas de référentiel privilégié, on peut considérer que c'est le jumeau demeuré sur terre qui se déplace par rapport à son frère. Ce serait sa propre horloge qui ralentit par rapport à celle de son frère, et ce serait donc lui le plus jeune. Il semble y avoir contradiction.

Les avis sur ce paradoxe sont partagés. Certains n'acceptent pas le fait que les horloges puissent toutes deux ralentir, l'une par rapport à l'autre. Si l'horloge du jumeau voyageur ralentit par rapport à celle de son frère, ils en déduisent que l'horloge de ce dernier doit accélérer par rapport à celle du jumeau voyageur. Malgré les apparences, ce concept de ralentissement symétrique des horloges est parfaitement cohérent. On peut le comparer à l'effet de perspective. Lorsqu'une personne s'éloigne de nous, sa taille semble diminuer. Cette personne perçoit toutefois que c'est notre taille qui diminue.

Plusieurs estiment que c'est le jumeau voyageur qui sera le plus jeune. La raison est que la situation n'est pas symétrique. Le jumeau resté sur terre demeure dans le même référentiel durant toute la durée de l'expérience, tandis que son frère est accéléré à plusieurs reprises : une fois pour l'aller, une seconde fois lorsqu'il fait demi-tour, et possiblement une troisième fois pour ralentir lors de son retour sur terre. Ces accélérations ont pour effet de modifier son référentiel, et ainsi ralentir son horloge par rapport au référentiel terrestre.

L'expérience des jumeaux symétriques

Il existe une façon de vérifier si l'hypothèse de l'asymétrie des jumeaux de Langevin est concluante. Il s'agit de modifier cette expérience de pensée de façon à éliminer l'asymétrie entre les jumeaux :

Ceux-ci se rendent d'abord à un même endroit, situé au-delà de l'orbite de la Terre. On suppose leur vélocité nulle par rapport au soleil, de sorte qu'ils puissent retomber à la verticale vers celui-ci. Ils sont alors dans un environnement non accéléré, c'est-à-dire qu'ils ne ressentent aucune accélération. Après avoir synchronisé leurs horloges, les jumeaux sont accélérés de façon symétrique, mais en sens opposés, sur des orbites circulaires d'environ une unité astronomique, autour du soleil. Ces orbites sont ajustées de sorte que la période de translation des jumeaux soit d'une année terrestre. On fait abstraction, ici, de l'influence gravitationnelle des planètes et des lunes, incluant le système terre-lune. Pour éviter la collision lors de la rencontre, les plans orbitaux des jumeaux sont légèrement inclinés l'un par rapport à l'autre. Les jumeaux sont alors dans des environnements distincts, mais non accélérés, un peu comme dans une station orbitale, mais autour du soleil au lieu de la terre.

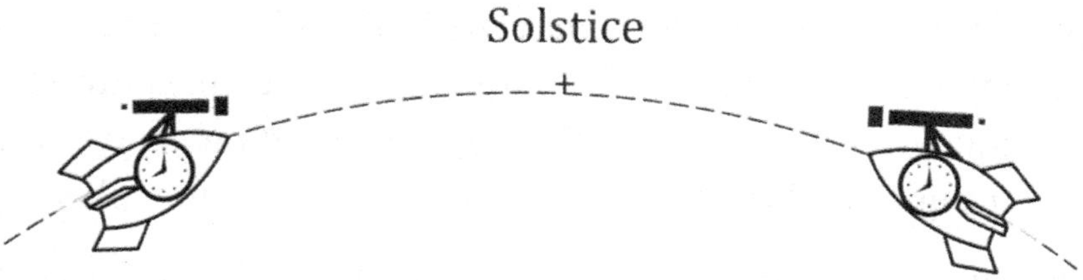

Figure 7 - L'expérience des jumeaux symétriques

Les jumeaux se croisent deux fois l'an, aux solstices d'été et d'hiver. Ils ont alors une vitesse relative de 60 km/s, l'un par rapport à l'autre. Aux équinoxes, leur vitesse relative est nulle. Pour mettre fin à l'expérience, les jumeaux suivent une procédure semblable à celle de leur départ, en décélérant vers un lieu de rencontre situé au-delà de l'orbite de la Terre.

Comme la situation est symétrique, le référentiel d'un jumeau ne peut pas être privilégié par rapport à celui de son frère. Après dix orbites circulaires, les deux jumeaux auront vieilli de dix ans et seront du même âge. Toutefois, on sait que lorsque les horloges des jumeaux se croisent, celles-ci se désynchronisent en raison de leur vitesse relative. La relativité restreinte prédit un ralentissement symétrique des horloges, l'une par rapport à l'autre.

Pour que les jumeaux soient du même âge au retour, les horloges doivent se resynchroniser, et ce, au moins deux fois l'an. En effet, on peut mettre fin à l'expérience à chaque fois que les jumeaux se croisent. Pour compenser le ralentissement symétrique des horloges, celles-ci doivent donc accélérer l'une par rapport à l'autre. Le temps doit pouvoir non seulement se dilater, mais aussi se contracter. Malheureusement, la relativité restreinte ne prévoit rien de tel.

De même la relativité restreinte prédit une contraction symétrique des longueurs lors du croisement des jumeaux. Or les trajets parcourus par les deux jumeaux sont équivalents en raison de la symétrie de l'expérience. Pour compenser cette contraction symétrique des longueurs, celles-ci doivent donc pouvoir se dilater, ce que la relativité restreinte n'autorise pas non plus.

En ce qui concerne le champ gravitationnel dans lequel baignent les deux jumeaux, celui-ci est symétrique et pratiquement constant durant l'expérience. Il ne peut donc pas être responsable de la resynchronisation semestrielle des horloges. J'en conclus que le paradoxe de Langevin subsiste, même en l'absence d'asymétrie.

Les quatre saisons des jumeaux symétriques

L'expérience des jumeaux symétriques soulève une nouvelle question : à quelles périodes de l'année les horloges ralentissent-elles, l'une par rapport à l'autre, et à quelles périodes accélèrent-elles?

Dans la comparaison avec l'effet de perspective, on a vu que lorsqu'une personne s'éloigne de nous, sa taille semble diminuer, et que cette perception est réciproque. Inversement, lorsque cette même personne revient vers nous, sa taille semble augmenter, et réciproquement.

Dans l'expérience des jumeaux symétriques, on observe un phénomène similaire : entre chaque croisement, les jumeaux s'éloignent effectivement l'un de l'autre durant trois mois, soit en été, soit en hiver. Ils se rapprochent ensuite l'un de l'autre durant trois autres mois, soit en automne, soit au printemps. On peut donc supposer que ce soit le fait de s'éloigner ou de se rapprocher l'un de l'autre, qui détermine si le temps et l'espace se dilatent ou se contractent. Or, c'est exactement ce que l'interprétation cosmosphérique de l'effet Doppler-Fizeau nous confirme.

Considérons le point de vue de chaque jumeau (sa réalité subjective). On suppose que chacun d'eux dispose d'une grosse horloge et d'une forte lunette d'approche qui permet à chacun d'observer son frère et son horloge. Ils disposent aussi d'un système de télécommunication audiovisuel en temps réel, c'est-à-dire, sans délai tampon lors de l'émission ou de la réception du son et de l'image.

Lorsque les jumeaux s'éloignent l'un de l'autre, les ondes lumineuses et radios prennent de plus en plus de temps à parcourir la distance croissante qui les sépare. Les jumeaux perçoivent donc que leur frère bouge et parle plus lentement que normalement. Tant avec leur lunette d'approche qu'avec leur système vidéo, ils observent que l'aiguille de l'horloge de leur frère avance plus lentement que la leur, et qu'en conséquence, elle prend du retard. La fréquence de l'onde radio qui véhicule le son et l'image est plus basse qu'à la normale ($f_0 < f_S$), et la longueur de cette onde est en conséquence plus grande ($\lambda_0 > \lambda_S$). Les jumeaux perçoivent une dilatation des longueurs.

À l'inverse, lorsque les jumeaux se rapprochent l'un de l'autre, les ondes lumineuses et radios prennent de moins en moins de temps à parcourir la distance décroissante qui les sépare. Les jumeaux perçoivent donc que leur frère bouge et parle plus rapidement que normalement. Tant avec leur lunette d'approche qu'avec leur système vidéo, ils observent que l'aiguille de l'horloge de leur frère avance plus rapidement que la leur, compensant ainsi le retard accumulé lors de l'éloignement. La fréquence de l'onde radio qui véhicule le son et l'image est plus élevée qu'à la normale ($f_0 > f_S$), et la longueur de cette onde est réduite en conséquence ($\lambda_0 < \lambda_S$). Les jumeaux perçoivent une contraction des longueurs.

Critique de la relativité restreinte

Selon la relativité restreinte, les horloges devraient toujours être ralenties l'une par rapport à l'autre, que ce soit lors de l'approche ou de l'éloignement. De même, les longueurs devraient toujours être contractées. Ceci résulte de l'utilisation du facteur de Lorentz ($\gamma = 1/\sqrt{1\text{-}v^2/c^2}$) qui est toujours positif, quelles que soient les directions des vecteurs vitesses $\boldsymbol{v}$ et $\boldsymbol{c}$.

D'une part, ce n'est pas ce que les jumeaux observent durant leur voyage, et d'autre part, ces prédictions théoriques sont incompatibles avec les mesures effectuées après l'expérience.

Grâce à Einstein, on sait que l'énergie d'un photon est $E = h\,f$, où f est la fréquence mesurée du photon. Pour un photon de fréquence (f_s) selon l'horloge de la source émettrice, la fréquence observée (f_o) ne dépend que de la cadence relative de l'horloge utilisée pour effectuer la mesure. On ne peut donc pas changer la fréquence observée des photons sans changer aussi la cadence relative des horloges impliquées. Cela reviendrait à modifier l'énergie intrinsèque des photons, dérogeant ainsi au principe de conservation de l'énergie. Or, c'est précisément ce que suggère la relativité restreinte lors du croisement des jumeaux ! (?_?)

Si $f_o < f_s$, c'est que l'horloge de l'observateur bat plus rapidement que celle de la source émettrice. Inversement, si $f_o > f_s$, c'est que l'horloge de l'observateur bat plus lentement que celle de la source émettrice.

Depuis sa formulation en 1905, la relativité restreinte n'a cessé d'être critiquée de toute part en raison de son manque de cohérence. Cette brève analyse vise à vous convaincre que certaines de ces critiques sont fondées.

Le facteur de Lorentz vs le facteur Doppler

De ce qui précède, on conclut que le facteur à utiliser pour calculer la dilatation ou la contraction des longueurs et des durées ne peut pas être le facteur de Lorentz (noté γ), car celui-ci est toujours positif. En revanche, le facteur Doppler (noté δ) semble posséder les caractéristiques requises. Soit $\beta = \pm v/c$, on peut écrire :

$\delta = (1+\beta)^{½}\ (1-\beta)^{-½}$, et

$\gamma = (1+\beta)^{-½}\ (1-\beta)^{-½}$

Pour une valeur positive de β, le facteur Doppler (δ) est toujours supérieur au facteur de Lorentz (γ). Pour des valeurs de v proches de celle de la lumière, le ratio δ/γ tend alors vers 2.

Trois raisons motivent le choix de δ :

- C'est ce qu'on observe : le ratio $f_s/f_o = \lambda_o/\lambda_s = \delta$;
- Le principe cosmosphérique exige que le facteur utilisé soit le même pour les durées et les longueurs, et qu'il soit inversé lors du croisement de deux observateurs ;
- Le principe de conservation de l'énergie exige que le ratio (f_s/f_o) soit égal au facteur de dilatation ou de contraction du temps (δ).

L'utilisation du facteur de Lorentz par la relativité restreinte semble découler du concept de référentiel inertiel (ou galiléen), qui découle lui-même du principe copernicien.

Selon le principe cosmosphérique, le concept de référentiel inertiel est une construction mentale, une idéalisation cartésienne qui n'existe pas dans la nature. Ce concept peut être utile lorsque les distances, durées ou vitesses sont négligeables par rapport aux valeurs maximums de ces quantités. Or, c'est précisément hors de ces conditions que les effets relativistes ou cosmologiques se manifestent.

Le concept de référentiel cosmosphérique

Un référentiel est un système de référence qui comporte trois coordonnées d'espace et d'une coordonnée de temps. Celles-ci sont utilisées pour définir les notions de position, de vitesse et d'accélération. Un référentiel est donc par définition subjectif, c'est-à-dire qu'il dépend de l'observateur qui effectue les mesures.

Un référentiel cosmosphérique est un référentiel qui respecte le principe cosmosphérique, ce qui n'est pas le cas du référentiel inertiel. C'est pourquoi le concept de référentiel inertiel doit être remplacé par celui de référentiel cosmosphérique.

La figure 6 « Déformation spatiale pour un corps en mouvement » illustre en partie le référentiel cosmosphérique d'un observateur en mouvement tel que perçu par un observateur fixe.

Parce que le facteur Doppler (δ) est conforme à l'observation et compatible avec le principe cosmosphérique, je suppose que celui-ci traduit correctement le référentiel R' d'un observateur en mouvement (selon l'axe des x) par rapport à celui d'un observateur fixe R.

$\Delta x' = \delta^{\pm 1}\, \Delta x$
$\Delta t' = \delta^{\pm 1}\, \Delta t$
$\Delta x = \delta^{\pm 1}\, \Delta x'$
$\Delta t = \delta^{\pm 1}\, \Delta t'$

Si les deux observateurs se croisent, les intervalles Δx et Δt doivent être décomposés, et l'exposant de δ doit être inversé. On utilise (δ^{-1}) avant le croisement et (δ^{+1}) après le croisement. La valeur de β est ici considérée comme positive lors de l'approche, c'est-à-dire lorsque les vecteurs **v** et **c** sont de même direction, et donc de même signe.

La Cosmosphère vs l'espace-temps

L'espace-temps est considéré comme la trame de fond où les évènements se produisent. Cette trame peut être rigide, comme le supposait Newton, ou encore flexible, comme le suggère la relativité générale. En somme, il semble évident que l'Univers physique a besoin d'une ossature qui sert de support à ses composantes, et qui permet à l'observateur d'évaluer les distances et les durées.

Le problème est que l'expérience des jumeaux symétriques rend le concept d'espace-temps inconsistant. Lorsque les jumeaux se croisent, l'horloge de leur frère passe brusquement d'une contraction temporelle maximale à une dilatation maximale. Le même phénomène est observé en ce qui concerne les longueurs. Ces changements brusques sont tout simplement incompatibles avec l'existence d'un continuum espace-temps objectif.

Pour résoudre ce problème, un changement conceptuel majeur est requis. L'ossature de l'Univers ne prendrait plus la forme d'un endosquelette comme l'espace-temps, mais plutôt celle d'un exosquelette : la Cosmosphère, cette coquille rigide qui abrite l'Univers, et qui permet à tout observateur d'évaluer les distances et les durées. Le concept d'espace-temps n'étant plus requis, la démarche utilisée exige son abandon pur et simple.

Je suis conscient que le réalisme physique est une croyance répandue. Si vous y adhérez, songez qu'affirmer l'existence physique de l'espace-temps, c'est confondre le modèle avec la réalité, la carte avec le territoire. Un concept est censé représenter la réalité, et non la remplacer.

La prolongation de la durée de vie du muon

Pour illustrer l'interprétation cosmosphérique de la déformation du temps, j'utiliserai une observation bien connue : la prolongation de la durée de vie des muons dans l'atmosphère terrestre.

Lors de leur entrée dans la haute atmosphère, les rayons cosmiques entrent en collision avec des noyaux de gaz. Il en résulte des particules instables, qui se désintègrent rapidement en d'autres particules, dont le muon, semblable à l'électron, mais beaucoup plus lourd. Parce que plusieurs se rendent au sol, on sait que la durée de vie d'un muon qui traverse l'atmosphère à très grande vitesse nous semble prolongée.

Une interprétation commune de ce phénomène est que si on pouvait observer l'horloge du muon, celle-ci nous semblerait ralentie par rapport à l'horloge terrestre. Cette interprétation ne tient pas compte de la réalité subjective du muon. Elle ne correspond pas non plus, à l'analyse effectuée précédemment.

Selon l'interprétation cosmosphérique, si le muon pouvait observer l'horloge terrestre, celle-ci lui semblerait accélérée et réciproquement, puisque ce phénomène est symétrique. Le muon constaterait que durant sa traversée de l'atmosphère, il s'écoule beaucoup plus de temps sur terre que pour lui. Les longueurs étant contractées, l'atmosphère terrestre est pour lui, beaucoup plus mince. C'est pourquoi il la traverse en un temps très court. C'est sa réalité subjective qui détermine sa durée de vie, pas la nôtre.

QUELQUES OBSERVATIONS PROBANTES

Plusieurs phénomènes physiques peuvent être expliqués, du moins en partie, à l'aide du principe cosmosphérique. Cela est applicable à l'échelle humaine comme dans le cas de l'inertie et de l'effet centrifuge. À plus grande échelle, le principe cosmosphérique rend compte de la gravitation universelle et de l'expansion de l'Univers.

L'inertie et l'effet centrifuge

Dans un mouvement circulaire uniforme, la composante normale de la vitesse est constante. Toutefois, à cause du changement continuel de direction du vecteur vitesse, ce mouvement requiert la présence d'une accélération centripète, dirigée vers le centre du cercle.

L'effet centrifuge est défini comme une force fictive qui s'oppose à la force centripète associée à cette accélération. Par exemple, dans un virage, on ressent cet effet centrifuge qui tend à nous expulser vers l'extérieur de la courbe. Parce que la terre tourne sur elle-même, l'effet centrifuge s'oppose à la gravité terrestre. On est donc un peu plus léger à l'équateur qu'aux pôles. Inversement, on peut utiliser cet effet pour simuler une gravité dans un environnement qui en est dépourvu, ou encore pour essorer son linge.

La vitesse d'un objet est relative et n'est pas ressentie, mais ce n'est pas le cas de l'accélération. Lorsque Newton fait tourner un seau d'eau, il constate que lorsque l'eau tourne avec le seau, la surface de l'eau prend une forme concave. Il se demande alors, par rapport à quoi l'eau peut bien tourner. De même, on sait qu'un gyroscope maintient son axe de rotation, indépendamment des changements d'orientation qu'il subit. Comment un objet en rotation peut-il « savoir » qu'il tourne, « connaître » son axe de rotation et « déterminer » sa vitesse angulaire?

L'inertie est définie comme la tendance d'un corps à conserver sa vitesse, en norme et en direction. Selon cette définition, ce serait donc l'inertie qui est responsable de l'effet centrifuge. Pour modifier la direction d'un objet, on doit lui appliquer une force (ex. une force centripète). La question revient donc à identifier la cause de l'inertie. Pour expliquer l'inertie et l'effet centrifuge, un référentiel spatial absolu est requis, car c'est ce repère qui permet de déterminer la direction d'un corps en mouvement, et donc un éventuel changement de cette direction.

Le principe de Mach suppose que l'inertie d'un corps massif soit induite par l'ensemble des autres masses de l'Univers. À ce jour, on n'a aucune idée de la façon dont ces autres masses lointaines pourraient déterminer la direction et la vitesse d'un objet. C'est un problème irrésolu de la physique moderne.

Selon le principe cosmosphérique, ce repère absolu, c'est la Cosmosphère. Pour modifier la vitesse d'un objet, que ce soit en norme ou en direction, un ajustement des longueurs est requis, comme dans sa mise en mouvement décrite plus haut. Dans un objet en rotation, chaque particule de matière doit constamment demeurer centrée par rapport à la Cosmosphère. Pour ce faire, elle doit donc continuellement ajuster sa mesure des longueurs dans le plan de cette rotation.

Comme pour la mise en mouvement d'un objet, cette correction spatiale est ressentie sous la forme d'une accélération. Pour modifier la direction d'une particule en translation, celle-ci doit subir une accélération (a) dirigée vers le centre du cercle, et dont la norme est proportionnelle au rayon de translation (R). C'est la raison pour laquelle on observe que ($a = -\omega^2 R$), où ω est la vitesse angulaire. Le signe négatif (-) indique que l'accélération centripète est dirigée vers le centre du cercle, dans le sens contraire de l'effet centrifuge ressenti.

L'inertie et l'effet centrifuge sont des preuves tangibles de l'existence de la Cosmosphère et du principe qui y est associé.

La gravitation et l'évolution spatiale de l'Univers

L'interprétation cosmosphérique de la gravitation universelle diffère sensiblement de celle de la relativité générale d'Einstein. En effet, en éliminant le concept d'espace-temps, on ne peut plus invoquer une courbure de cette entité fictive pour expliquer le phénomène. Il doit donc exister une autre explication qui repose sur le concept de Cosmosphère, et qui prédit des effets similaires.

Selon le système cosmosphérique, la gravitation serait un processus dynamique associé à l'évolution spatiale de l'Univers. Pour décrire cette évolution, l'utilisation du calcul différentiel est requise. Les équations qui suivent comportent donc des dérivées par rapport au temps, et la notation newtonienne est utilisée. Ces équations supposent l'usage d'une instrumentation matière, celle qu'on utilise habituellement. On considère ici le taux de variation H sur une durée infinitésimale. Comme le temps lumière se dilate par rapport à celui de l'horloge matière, on calcule :

$\dot{H} = H^2$; $\ddot{H} = H^3$; $\dddot{H} = H^4$; ...etc.

Soit $R_U(t)$, une fonction permettant de calculer le rayon de l'Univers au temps t, je note :

$\dot{R}_U = H\,R_U = c$, la vitesse à laquelle la Cosmosphère se dilate, et

$\ddot{R}_U = H\,\dot{R}_U = H^2\,R_U = H\,c$, l'accélération cosmique.

Un raisonnement similaire s'applique au volume d'espace contenu par la Cosmosphère.

Soit $V_U(t)$, une fonction permettant de calculer le volume de l'Univers au temps t: $V_U = (4/3)\pi R_U^3$.

Comme l'expansion opère dans chacune des trois dimensions spatiales, on calcule :

$\dot{V}_U = 3H\, V_U = 3H\,(4/3)\pi\, R_U^3 = 4\pi\, H\, R_U^3 = 4\pi\, c^3/H^2$
$\approx 6.216\,6 \times 10^{61}$ m³/s, le débit cosmique, et

$\boldsymbol{\ddot{V}_U} = H\,\dot{V}_U = \boldsymbol{3H^2\, V_U} = 4\pi\, H^2 R_U^3 = 4\pi\, c^3/H \approx 1.450\,8 \times 10^{44}$ m³/s², la variation du débit cosmique.

Or, on a vu précédemment que $M_U/V_U = 3H^2/8\pi\, G$ (Univers de densité critique selon Friedman), d'où :

$\boldsymbol{\ddot{V}_U = 3H^2\, V_U = 8\pi\, G\, M_U}$

Cette relation invariante entre V_U et M_U est peut-être la plus significative du modèle cosmosphérique. Elle montre que la variation du débit cosmique associée à l'accélération de l'expansion, et la gravité associée à la masse de l'Univers **décrivent un même phénomène.**

Selon les modèles conventionnels, il n'y a aucune raison qu'on observe cette relation. Jusqu'à tout récemment (1998), on était convaincus que l'expansion de l'Univers ralentissait à cause de la gravité engendrée par la masse de l'Univers. L'accélération de l'expansion cosmique est non seulement une surprise, mais on ignore quelle en est la cause et pourquoi elle possède cette valeur.

De ce qui précède, on comprend que les corps massifs créent littéralement de l'espace autour d'eux, engendrant globalement l'expansion et le débit cosmiques. On pose donc $\boldsymbol{M \propto L^3\, T^{-1}}$. Pour mettre les choses en perspective, considérons une masse d'un kilogramme. Cette masse engendre un débit spatial de :

$3H\, V_U/M_U = 8\pi\, G/H \approx 7.187\,6 \times 10^8$ m³/s.

L'accroissement de ce débit spatial correspond à la gravité engendrée par l'accroissement de cette masse d'un kilo :

$3H^2\, V_U/M_U = 8\pi\, G \approx 1.677\,4 \times 10^{-9}\ m^3/s^2$.

Pour demeurer centrés par rapport à la Cosmosphère, les corps massifs doivent constamment ajuster leur position spatiale, les uns par rapport aux autres. Autrement dit, ils doivent obéir au principe cosmosphérique :

- L'inertie d'un corps massif résulte de l'isotropie de l'expansion cosmosphérique, car l'accélération d'un corps requiert un ajustement des longueurs. Or, cet ajustement des longueurs influence la sphéricité de l'espace engendré par ce corps. Plus un corps est massif, plus il engendre d'espace autour de lui. C'est la raison pour laquelle la force requise au déplacement d'un corps est proportionnelle à sa masse.

- La gravité engendrée par un corps massif résulte de l'isotropie de l'accélération de l'expansion cosmosphérique. Pour compenser la création croissante d'espace engendrée par un corps massif, les objets avoisinants doivent continuellement contracter les longueurs en direction du corps massif, et les dilater dans la direction opposée. Cela se traduit par une accélération des objets avoisinants en direction du corps massif.

La création d'espace autour des corps massifs découle directement du recentrage à haute fréquence des particules massives par rapport à la Cosmosphère, tel que décrit précédemment. Sous l'effet de ce bombardement incessant, les corps massifs se contractent, engendrant une dilatation spatiale selon la règle matière.

Comme la masse des corps augmente, le résultat net de ce processus est une création excessive d'espace au voisinage des corps massifs, ce qui est interprété comme une courbure de l'espace-temps par la relativité générale. La gravitation n'est que la correction cosmosphérique à ce surcroit local d'espace. Le concept d'espace-temps n'est pas requis. Comme la gravitation résulte d'une création croissante d'espace, les rayons lumineux sont aussi déviés.

L'emballement de l'expansion cosmique

Comme cette dynamique spatiale découle de la dilatation même du temps, le processus de dérivation se poursuit et l'accélération de l'expansion cosmique s'emballe. Par exemple, les dérivées du troisième ordre seraient :

$\dddot{R}_U = H \ddot{R}_U = H^3 R_U = H^2 c \approx 1.632\,8 \times 10^{-27}$ m/s^3, et

$\dddot{V}_U = H \ddot{V}_U = 3H^3 V_U = 8\pi G H M_U = 4\pi c^3 \approx 3.385\,9 \times 10^{26}$ m^3/s^3.

Pour compenser l'emballement de l'expansion cosmique, l'isotropie cosmosphérique requiert un accroissement constant du champ gravitationnel autour des corps massifs. À l'échelle humaine, les effets de cet accroissement du champ gravitationnel sont infimes. Toutefois, au voisinage des corps suffisamment massifs, ils pourraient être détectables.

L'énergie sombre

Le concept d'énergie sombre a été introduit pour expliquer l'accélération de l'expansion cosmique dans un contexte relativiste. D'un point de vue cosmosphérique, ce concept n'est pas requis. L'accélération de l'expansion n'est que la dérivée seconde de l'espace par rapport au temps de la même façon que l'expansion en est la dérivée première. Ces observations constituent plutôt des preuves observationnelles de la dilatation (au taux H) du temps lumière par rapport au temps matière.

L'interprétation cosmosphérique du principe d'action-réaction

On nous a enseigné que la force gravitationnelle (F) entre deux masses (M et m) est $F = G\ M\ m/r^2$, où r est la distance qui sépare les deux masses.

En fait, la formule de Newton n'expose que la moitié de l'impact découlant de l'interaction gravitationnelle entre les masses M et m. Elle exprime bien, par exemple, la composante gravitationnelle ($F_{M/m}$) que la terre (de masse M) exerce sur une pomme (de masse m), mais il faut savoir que cette pomme exerce sur la terre, une composante gravitationnelle équivalente, mais de sens opposé ($F_{m/M}$). C'est ce qu'on appelle le principe d'action-réaction, ou encore la troisième loi de Newton. La force d'attraction terre-pomme ($F_{M/m}$) ne peut pas exister sans la force pomme-terre ($F_{m/M}$) et vice-versa.

Le même principe s'applique aux autres forces. Par exemple, la force d'attraction qu'exerce un proton sur un électron ($F_{\mathrm{p/e}}$) est compensée par celle que l'électron exerce sur le proton ($F_{\mathrm{e/p}}$).

D'une part, on a vu qu'une force exercée sur un corps massif contracte les unités de longueur dans une direction et les dilate dans la direction opposée. D'autre part, la masse d'un corps serait proportionnelle au débit spatial qu'il engendre, contribuant ainsi à l'expansion cosmique.

Une force équivalente, mais de direction opposée est donc requise pour respecter l'isotropie de l'expansion cosmosphérique. C'est l'explication cosmosphérique du principe d'action-réaction.

La récession des galaxies distantes

Pour partager avec nous la Cosmosphère, un objet distant doit disposer d'une unité de longueur dilatée dans notre direction, et contractée dans la direction opposée. De son point de vue, l'objet distant demeure alors centré par rapport à la Cosmosphère. Comme dans l'interprétation cosmosphérique du mouvement, cet objet se déplace alors en direction des longueurs contractées, de façon à respecter l'isotropie de l'expansion cosmosphérique. Autrement dit, il s'éloigne de nous à une vitesse qui s'accroit avec la distance (loi de Hubble).

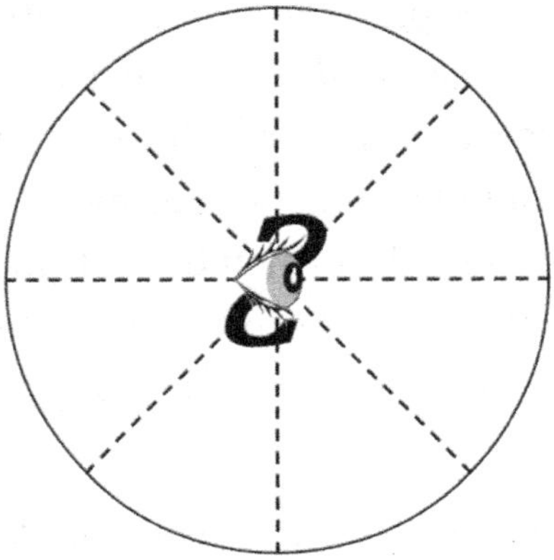

Galaxie centrée

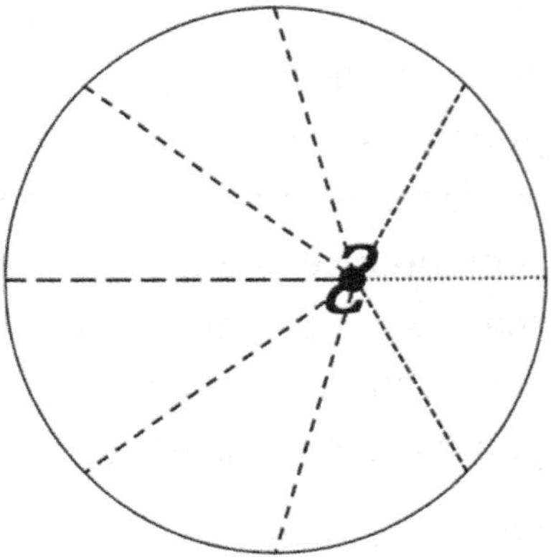

Galaxie distante

Figure 8 – La récession des galaxies distantes

Sur la figure de gauche, les tirets représentent les unités de longueur pour l'observateur de la galaxie centrée. Sur la figure de droite, les tirets représentent les unités de longueur de la galaxie distante, telles que perçues par l'observateur de la galaxie centrée. Ce phénomène spatialement symétrique explique à lui seul la récession des galaxies distantes. C'est donc le même principe qui régit le mouvement des objets rapprochés et celui des objets lointains.

Il est important de noter que cette récession des galaxies distantes suppose l'utilisation d'une instrumentation matière. Selon la règle lumière, la distance qui nous sépare d'une galaxie (ex. 0,1 R_U) reste toujours la même, si on fait abstraction des autres forces et du mouvement propre de cette galaxie par rapport à la nôtre.

La position et la vitesse relatives des objets

Le raisonnement précédent sur la position et la récession des galaxies s'applique en principe à tous les objets de l'Univers. En effet, comme tout objet demeure centré par rapport à la Cosmosphère, et qu'aucun d'eux n'occupe le même emplacement, cela implique qu'ils disposent tous d'unités de longueur différentes. En conséquence, deux objets distincts ne peuvent pas être totalement immobiles l'un par rapport à l'autre. La vitesse relative d'un objet par rapport à un autre doit être au minimum de v_{min}. Comme cette valeur est infime, ce phénomène n'est pas observable en pratique.

LE TEST : LA GRAVITATION VS L'EXPANSION COSMIQUE

Cette section tente d'identifier certaines observations qui permettraient de trancher entre l'hypothèse cosmosphérique et celle des théories conventionnelles.

L'idée de base est que l'expansion cosmique associée au système cosmosphérique diffère de celle prévue par la théorie du big bang. Une différence observable concerne la distance à laquelle à la gravitation cède le pas à l'expansion cosmique. Certaines observations astronomiques pourraient donc favoriser une interprétation au détriment de l'autre.

L'hypothèse conventionnelle

Selon les modèles cosmologiques de type ΛCDM, l'expansion de l'Univers ne serait pas une force, mais plutôt un taux, celui auquel l'espace lui-même se dilate. Cette dilatation spatiale n'engendrerait une pseudovitesse perceptible que lorsqu'aucune force attractive ne peut contrer son effet cumulatif. Pour que la gravité puisse contrer l'expansion spatiale à une distance D d'une masse M, il faut que la vitesse de libération associée à cette masse M soit supérieure à la pseudovitesse d'expansion calculée à cette même distance D.

Pour fin de comparaison, calculons la distance D_Λ à laquelle un corps pourrait théoriquement échapper à l'attraction gravitationnelle du soleil en raison de l'expansion spatiale selon cette hypothèse ΛCDM.

On note la masse solaire $M_\odot \approx 1{,}988\ 4 \times 10^{30}$ kg.

La pseudovitesse d'expansion à cette distance serait $H\,D_\Lambda$ et la vitesse de libération, $\sqrt{2G\,M_\odot/D_\Lambda}$. On a donc la relation : $H\,D_\Lambda = \sqrt{2G\,M_\odot/D_\Lambda}$, d'où $D_\Lambda = \sqrt[3]{2G\,M_\odot/H^2} \approx$ **386 al**

La pseudovitesse d'expansion $H\,D_\Lambda$ à cette distance serait la même que la vitesse de libération, soit environ 8,5 m/s.

Dans les faits, cette distance D_Λ est très grande et le volume d'espace délimité par ce rayon comporte un grand nombre d'étoiles liées entre elles gravitationnellement. L'expansion spatiale serait donc inopérante à cette échelle. Selon cette hypothèse, l'expansion spatiale ne serait perceptible qu'à une échelle supérieure à celle des amas de galaxies!

L'hypothèse cosmosphérique

En revanche, l'hypothèse cosmosphérique suppose que l'expansion cosmique est une force aussi présente à une plus petite échelle. Pour calculer la distance $D_\odot$ à partir de laquelle un objet léger échapperait à la gravité solaire, on pose l'accélération cosmique $H\,c$ égale à l'accélération gravitationnelle du soleil à cette distance, soit $G\,M_\odot/D_\odot^2$. On calcule :

$D_\odot = \sqrt{G\,M_\odot/H\,c} \approx 4.355 \times 10^{14} \approx$ **2 911 au** ou **0.046 al**

On dispose désormais de deux prédictions différentes en ce qui concerne la distance à laquelle la gravitation solaire cède le pas à l'expansion cosmique. En vérifiant si un objet situé à plus de 2 911 au du soleil est sujet à l'expansion cosmique ou non, on pourrait donc favoriser une hypothèse au détriment de l'autre.

Le nuage d'Oort

Grâce à l'observation des comètes dites à longue période, on infère l'existence du nuage d'Oort. Il s'agit d'un halo de matière qui compte plus de 10^{12} comètes, situées entre 20 000 au et 100 000 au du soleil. On sait que les comètes se sont formées beaucoup plus près, à une distance estimée entre 50 au et 100 au du soleil. On comprend mal comment la distance des comètes a pu s'accroitre de trois ordres de grandeur pour former un halo de 3 al !

Si on suppose que la vitesse de récession des comètes correspond au produit de la distance par le taux d'expansion, alors une comète située à 100 000 au du soleil s'éloignerait de nous à une vitesse de 1 100 km/an. En tenant compte de l'expansion cosmique sur une période de 4,6 Ga, la distance cumulée se mesure en dizaines de milliers d'au.

Cette observation corrobore l'hypothèse cosmosphérique, à savoir que les comètes du nuage d'Oort sont effectivement sujettes à l'expansion cosmique. Si on ne dispose pas d'un mécanisme similaire, on peut difficilement rendre compte du nombre estimé de comètes dans le nuage d'Oort.

L'EXPANSION DU SYSTÈME SOLAIRE

Certaines observations suggèrent que la distance à laquelle l'expansion cosmique opère n'est pas tranchée au couteau. Cette force se combinerait à la force de gravitation, et son effet serait perceptible en deçà de $D_{\odot} \approx 2\,911$ au.

La ceinture de Kuiper

La ceinture de Kuiper est une zone du Système solaire s'étendant au-delà de l'orbite de Neptune, entre 30 et 55 unités astronomiques. Celle-ci contiendrait plus de 70 000 corps de plus de 100 km de diamètre, dont les planètes naines Pluton, Makemake et Haumea. Selon les modèles actuels de formation du système solaire, la ceinture de Kuiper devrait faire au moins 30 masses terrestres. Cette masse est requise pour que les objets de plus de 100 km puissent s'être formés à cette distance. Or la masse inférée par l'ensemble des objets observés est inférieure à 0,1 masse terrestre. L'hypothèse cosmosphérique est que la ceinture de Kuiper se serait formée plus près du soleil, là où sa masse volumique autorisait la formation des astres observés. Comme pour les comètes du nuage d'Oort, c'est l'expansion cosmique qui serait responsable de l'éloignement observé.

Les objets transneptuniens extrêmes

Parmi les objets situés au-delà de la ceinture de Kuiper, certains sont très éloignés du soleil et ont une orbite fortement excentrique. C'est le cas de Sedna dont le diamètre d'environ 1 000 kilomètres en fait une candidate au statut de planète naine. Son orbite oscille entre 76 au et 955 au sur une période de 11 700 ans. Quant à l'orbite de 541132 Leleākūhonua (surnommée le

Gobelin), elle oscille entre 65 au et 2 100 au sur une période de 36 000 ans!

On comprend mal comment ces objets épars peuvent transiter sur des orbites aussi éloignées et excentriques. D'une part, ils sont trop éloignés pour être perturbés par les planètes, et d'autre part, selon la théorie en vigueur, l'excentricité de leur orbite devrait décroitre, ce qui ne semble manifestement pas le cas. Certains supposent l'existence d'une hypothétique planète 9, dont aucune trace n'a encore été observée.

L'hypothèse cosmosphérique est qu'en raison de l'expansion spatiale, l'excentricité des orbites serait croissante, et non l'inverse. Ceci est dû au fait que les satellites passent plus de temps près de l'apoastre que du périastre. L'apoastre est donc sujet à un accroissement plus important que le périastre, et ce phénomène s'accentue au fur et à mesure que l'excentricité augmente. Ce phénomène pourrait aussi expliquer l'observation d'un accroissement inexpliqué de l'excentricité de l'orbite lunaire.

La migration des géantes glacées

On sait aujourd'hui que les planètes Uranus et Neptune ne se sont pas formées là où on les observe, c'est-à-dire sur des orbites aussi éloignées du soleil (19 au pour Uranus et 30 au pour Neptune). Ces géantes glacées qui font respectivement 15 et 17 masses terrestres se seraient formées plus près du soleil et auraient migré par la suite sur leurs orbites actuelles. L'hypothèse cosmosphérique est que depuis des milliards d'années, ces planètes s'éloignent lentement du soleil en raison de l'expansion du système solaire externe.

L'orbite spirale des planètes et autres satellites

Pour qu'une planète puisse s'éloigner du soleil, une orbite spirale ascendante est requise. La figure qui suit n'est pas à l'échelle et néglige l'excentricité de l'orbite héliocentrique. Une telle orbite implique une composante radiale de la trajectoire du satellite.

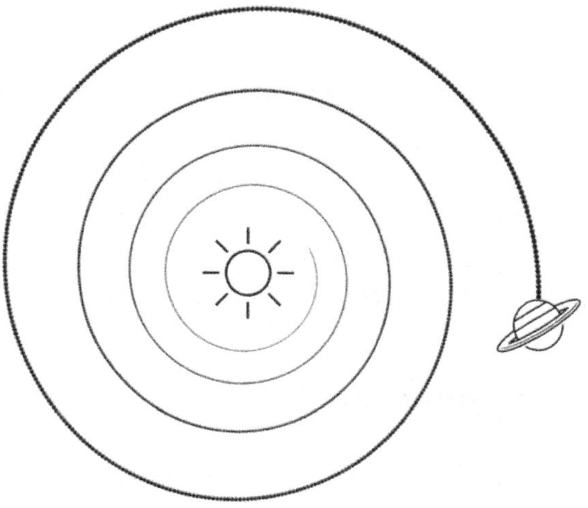

Figure 9 - L'orbite spirale des planètes et autres satellites

Cette récession des planètes résulte d'une décroissance (au taux $-H$) du vecteur accélération dirigé vers le soleil. En effet, si R est la distance entre la planète et le soleil, la valeur de cette accélération (a) est fournie par l'équation : $a = G\,M_{\odot}/R^2$ (ou : $a = G\,M_{\odot}\,R^{-2}$). Or le taux de croissance de $M_{\odot}$ est de H, alors que celui de la surface R^2 est de $2H$. On calcule que le taux de variation de l'accélération centripète est de : $\dot{a}/a = H - 2H = -H$.

Même si l'accélération décroit et que la planète s'éloigne, la force reliant les deux astres demeure constante. En effet, si $F = m\,a$, alors : $\dot{F}/F = \dot{m}/m + \dot{a}/a = H + (-H) = 0$.

Le système solaire interne

À l'échelle du système solaire interne, la gravité solaire domine largement et l'expansion spatiale serait minime. Toutefois, on observe certaines anomalies orbitales qui pourraient trouver une explication d'origine cosmosphérique :

- Un accroissement inexpliqué de l'orbite de la terre (Iorio, 2011);
- Un accroissement inexpliqué de l'excentricité de l'orbite de la Lune (Iorio, 2011);
- Une anomalie de survol planétaire qui implique une accélération inexpliquée des sondes spatiales lors des manœuvres d'assistance gravitationnelle.

Le paradoxe du jeune soleil faible

En 1972, les astronomes Carl Sagan et George Mullen observent qu'au début de l'archéen, il y a 4 Ga, des océans liquides recouvraient une grande partie de la Terre depuis longtemps (Sagan & Mullen, 1972). Or, on sait qu'à cette époque, le rayonnement solaire était d'environ 30 % inférieur à ce qu'il est présentement, ce qui implique que la zone habitable était plus près du soleil et que la Terre aurait dû être complètement gelée. C'est ce qu'on appelle le paradoxe du jeune soleil faible.

Comme on retrouve des traces de vie microbiennes datant de cette époque reculée, on sait que la Terre était non seulement habitable, mais également habitée et qu'elle l'est demeurée depuis. Plus étrange encore, on sait que l'eau liquide abondait alors aussi sur Mars qui orbite pourtant entre 1,4 et 1,7 au du soleil.

L'hypothèse conventionnelle est qu'à cette époque, la Terre et Mars étaient recouverts d'une atmosphère dense et riche en gaz à effet de serre, principalement composée de dioxyde de carbone (CO_2). Le problème est qu'en 2016, la taille des bulles de gaz piégées dans une coulée de lave vieille de 2,74 Ga établit que la pression atmosphérique sur Terre était inférieure à 0,5 atmosphère (Sanjoy M. Som, 2016), ce qui réfute cette hypothèse. Ce résultat est corroboré par des études sur la composition isotopique (azote et argon) d'inclusions liquides dans des roches vieilles de 3,0 à 3,5 Ga (Marty, Zimmermann, Pujol, Burgess, & Philippot, 2013).

L'explication cosmosphérique de ce paradoxe est simple. Si l'eau liquide abondait sur Terre et sur Mars à cette époque, c'est que celles-ci orbitaient à l'intérieur de la zone habitable, c'est-à-dire plus près du soleil. En raison de l'expansion cosmique, la Terre et Mars s'éloigneraient lentement du soleil qui se réchauffe, demeurant ainsi dans la zone habitable. Cette lente migration des planètes serait requise pour que la vie puisse perdurer et évoluer pendant des milliards d'années, non seulement sur Terre, mais aussi sur d'éventuelles exoplanètes abritant la vie.

LE PROCESSUS DE FORMATION DES GRANDES STRUCTURES DE L'UNIVERS

La formation et l'évolution des galaxies constituent un domaine de recherche très actif en astrophysique. On peut élargir ce champ de recherche à d'autres grandes structures comme les amas de galaxies et les amas globulaires. Ce domaine est relativement complexe et de nombreux facteurs influencent la formation et l'évolution de ces structures. Toutefois la méthode proposée suggère l'utilisation d'un modèle simplifié qui permettrait d'expliquer en partie l'origine et l'évolution de ces structures.

Supposons un gigantesque nuage de gaz et de poussières qui flotte dans l'espace intergalactique. Le système cosmosphérique suppose l'existence de deux forces opposées agissant sur ce nuage :

- L'expansion cosmique qui cherche à disperser la matière en périphérie;
- Une contraction de la masse centrale résultant de l'attraction gravitationnelle engendrée par cette masse.

L'accroissement de la masse des particules contribuerait significativement à l'atteinte de la masse de Jeans, c'est-à-dire la masse critique requise à l'effondrement d'un nuage de gaz dont les zones de surdensité sont soumises à la pression du gaz qu'elles contiennent.

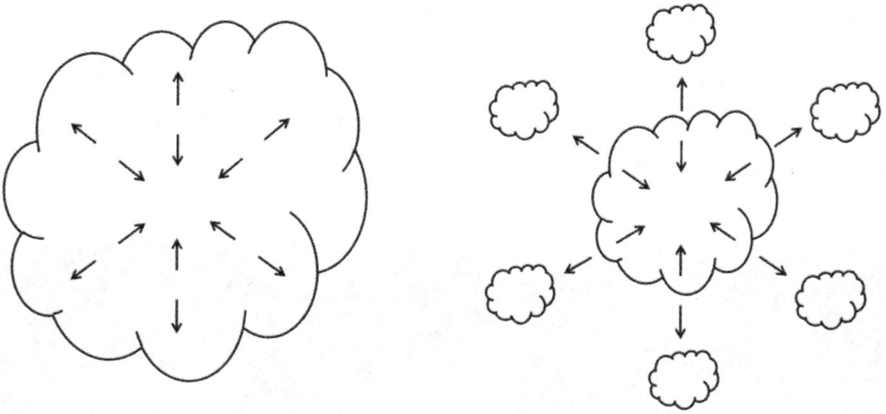

Figure 10 – Le processus de formation des grandes structures de l'Univers

Ces deux forces opposées tendent à fragmenter le nuage original. Un nuage central gagne en densité et amorce un effondrement. En périphérie, de petits nuages se forment et s'éloignent lentement sous l'effet de l'expansion. Ce mécanisme se répèterait à différentes échelles au fur et à mesure que la masse des particules s'accroit. Il servirait d'amorce à la formation de différentes structures comme :

- Un amas de galaxies qui proviendrait d'un nuage primitif qui se serait fragmenté;
- Une galaxie massive qui comporte des galaxies naines et des amas globulaires en périphérie;
- Un amas stellaire qui proviendrait d'un nuage de gaz et de poussières qui se serait fragmenté;
- Un système stellaire qui comporte un halo de comètes en périphérie.

L'observation des amas globulaires

L'observation des amas globulaires semble corroborer le mécanisme de formation des grandes structures de l'Univers décrit précédemment.

Figure 11 - Amas globulaire Oméga Centauri (NGC 5139) Photo de ESO-VST (1119 b)

Oméga Centauri est un amas globulaire de la Voie lactée situé à environ 16 000 al du Soleil dans la constellation du Centaure. Il est visible à l'œil nu et possède un diamètre angulaire comparable à celui de la lune. Il compte environ 10 millions d'étoiles dont certaines sont âgées de 12 Ga. Son centre contiendrait un trou noir intermédiaire d'environ 12 000 masses solaires. Cette formidable structure pourrait être le cœur d'une galaxie naine avalée par la Voie lactée, ce qui suggère une similitude du processus de formation des amas globulaires et des galaxies.

La distance moyenne entre les étoiles au centre de cet amas globulaire est estimée à seulement 0,1 al, soit environ le double de la distance $D_{\odot}$ calculée précédemment. Considérant que la masse moyenne des étoiles de cet amas est d'environ 0,4 $M_{\odot}$, l'expansion cosmique à cette échelle pourrait expliquer pourquoi cette masse compacte d'étoiles ne s'effondre pas sur elle-même.

Selon l'hypothèse cosmosphérique, les amas globulaires évoluent un peu comme des feux d'artifice qui se dilatent très lentement depuis des milliards d'années. C'est ce qui expliquerait la formation et le maintien de leur structure, malgré la gravité engendrée par leur masse croissante.

L'observation des galaxies

Tout comme les amas globulaires, les galaxies sont des structures très anciennes. La ressemblance de certaines galaxies avec les amas globulaires est frappante. Un amas globulaire ressemble à un modèle réduit de galaxie elliptique. Bien que l'échelle soit différente, le mécanisme de formation serait similaire, et l'expansion spatiale serait présente à l'échelle des galaxies.

Figure 12 - Galaxie elliptique Messier 87 (NGC 4486) Photo de ESO-VLT (1907 b)

La galaxie Messier 87 (abréviée M87 et aussi cataloguée NGC 4486) est une gigantesque galaxie elliptique située près du centre de l'amas de la Vierge, qui compte environ 2 000 galaxies. M87 est distante d'environ 53 Mal, et sa masse est estimée à 200 fois celle de la Voie lactée. En son centre, on observe un trou noir supermassif (M87*) d'environ $6{,}5 \times 10^9\ M_\odot$. Ce dernier a d'ailleurs été imagé en 2019 par l'Event Horizon Telescope.

Les petits points qu'on observe en périphérie ne sont pas des étoiles. Ce sont pour la plupart des amas globulaires semblables à celui de la figure précédente. M87 compte environ 12 000 amas globulaires, ce qui est énorme en comparaison des 150 que contient le halo de notre Voie lactée.

La nature fractale de cette structure suggère fortement l'existence d'un mécanisme de formation similaire à celui décrit précédemment. Le centre d'un nuage de gaz se serait effondré pour former le cœur de la galaxie. En périphérie l'expansion cosmique aurait alors provoqué la dispersion des galaxies naines et des amas globulaires qui s'éloignent lentement. Finalement les étoiles se seraient formées selon un schéma similaire.

LA COURBE DE ROTATION DES GALAXIES

Lorsqu'on observe les étoiles en périphérie des galaxies, on constate que celles-ci tournent trop rapidement par rapport à la distribution de masse visible (étoiles et gaz) dans les galaxies. C'est ce qu'on appelle le problème de la courbe de rotation des galaxies. Le même phénomène est observé dans les amas de galaxies. Les galaxies tournent trop rapidement par rapport à la masse observée. Pour expliquer cette anomalie, deux hypothèses concurrentes sont proposées :

- La présence de halos de matière noire (ou invisible) englobant les galaxies et les amas de galaxies ;
- Une modification de la gravitation universelle qui serait perceptible lorsque l'accélération gravitationnelle est infime.

Les halos de matière noire

Les halos de matière noire englobant les galaxies et les amas de galaxies seraient invisibles, mais on infère leur présence grâce à la gravité engendrée par leur masse. Selon le processus de formation précédemment décrit, un tel halo de matière devrait effectivement exister. Toutefois, l'invisibilité de cette matière demeure inexpliquée et sa masse indéterminée.

La nature de la matière noire

La nature de la matière noire est pour l'instant inconnue. Toutefois, la démarche utilisée suggère une hypothèse que je considère comme la plus probable : la matière noire pourrait être constituée de matière ordinaire, mais difficile à détecter. Plus les techniques d'observation s'améliorent, plus on observe de matière ordinaire dans le cosmos:

- On détecte de plus en plus de galaxies sombres et massives qui n'émettent que très peu de lumière visible ;
- On détecte des gaz très chauds dans les filaments de matière du milieu intergalactique. La masse globale de ces gaz est largement supérieure à celle de l'ensemble des galaxies ;
- Des gaz plus froids et plus ténus pourraient donc exister. Certains pourraient être situés sur le pourtour des grands vides cosmiques, et non seulement dans les filaments galactiques.

L'hypothèse de la matière noire exotique

Le concept de matière noire exotique a été introduit pour tenter de sauver l'hypothèse du big bang. D'une part, l'abondance observée du deutérium est incompatible (trop faible) avec un univers constitué exclusivement de matière ordinaire. D'autre part, la matière noire exotique est requise pour expliquer la formation des grandes structures de l'Univers comme les galaxies et les amas de galaxies. En effet, si on suppose un big bang chaud, alors les fluctuations observées du fond diffus cosmologique sont beaucoup trop faibles pour expliquer l'amorce de ces structures à partir de matière ordinaire, car la température et la pression de radiation étaient alors trop élevées.

On a alors imaginé un nouveau type de matière qui ne serait pas affectée par cette pression de radiation : la matière noire non baryonique. Celle-ci n'interagirait que gravitationnellement et aurait donc pu provoquer les légères fluctuations de densité observées dans le fond diffus cosmologique. Ces puits de potentiels gravitationnels auraient subséquemment attiré la matière ordinaire alors refroidie.

Malheureusement pour l'hypothèse du big bang, l'observation de cette matière exotique n'est pas au rendez-vous. Malgré des décennies de recherche, aucune trace de matière non baryonique n'a été détectée. Il s'agit là d'un problème majeur, car sans cette substance exotique, c'est toute la théorie du big bang qui s'écroule.

Ce problème n'existe pas dans le modèle cosmosphérique qui suppose un univers primordial froid.

La théorie de la dynamique newtonienne modifiée

La théorie de la dynamique newtonienne modifiée ou MOND (Modified Newtonian Dynamics, en anglais) a été proposée par l'astrophysicien Mordehai Milgrom en 1983. Elle a évolué et été perfectionnée depuis (Milgrom, 2020). Elle suggère une modification de la seconde loi de Newton aux accélérations très faibles, c'est-à-dire inférieures à une valeur $a_0 \approx 1{,}2 \times 10^{-10}$ m s^{-2}.

Dans un régime newtonien, la vitesse (v) d'un astre en orbite circulaire autour d'une masse centrale M est fonction de la racine carrée de l'inverse du rayon R : ($v^2 = G\,M/R$). Selon MOND, lorsque l'accélération gravitationnelle (a_g) est très faible ($a_g \ll a_0$), cette vitesse cesse de décroitre et ne dépend plus que de la masse M : ($v^4 = G\,M\,a_0$). Cette modification explique correctement la courbe de rotation des galaxies, et partiellement celle des amas de galaxies. Une certaine quantité de matière noire est encore requise dans ce dernier cas.

La valeur observée de a_0

Les promoteurs de la théorie MOND ont vite remarqué que la valeur de l'accélération a_0 était du même ordre de grandeur que le produit de la vitesse de la lumière (c) par le taux d'expansion de l'Univers (H_0). En fait on observe que $a_0 \approx H\,c/2\pi$, ce qui suggère une relation étroite entre la gravitation et les paramètres cosmologiques.

D'un point de vue cosmosphérique, le module d'une accélération ne peut être inférieur à $a_{min} = H\,c$. Il faut donc oublier une formulation du genre ($a_g << a_0$). On a vu précédemment que l'attraction gravitationnelle d'un satellite devrait décroitre graduellement, et que son orbite spirale ascendante devrait l'éloigner lentement de la masse centrale. L'accélération étant une grandeur quantifiée, lorsque celle-ci devient très faible, elle devrait prendre des valeurs presque entières : ... 3 a_{min}, 2 a_{min} et finalement 1 a_{min}.

Cette valeur plancher de 1 a_{min} est infranchissable. Comme pour la vitesse, tout objet doit être accéléré par rapport à un autre, puisque ceux-ci n'occupent pas le même emplacement. La valeur observée a_0 est inférieure à celle de a_{min} d'un facteur 6 ($\approx 2\pi$). J'en déduis que le vecteur $\mathbf{a}_{min}$ est incliné dans la direction de la trajectoire de l'étoile. La diminution de la composante radiale de $\boldsymbol{a}_{min}$, jumelée à sa composante tangentielle, permettent à l'étoile de maintenir une orbite spirale ascendante, tout en maintenant une vitesse constante $v \approx \sqrt[4]{G\,M\,H\,c/2\pi}$. L'observation de la courbe de rotation des galaxies est donc compatible avec le système cosmosphérique.

LE PASSÉ DE L'UNIVERS : UN UNIVERS PRIMORDIAL FROID

Le paradigme cosmosphérique implique l'absence de big bang chaud, ainsi que l'omniprésence de matière froide et légère, dans un passé très lointain. Les modèles cosmologiques comportant un univers primordial froid se heurtent à deux objections majeures : l'une concerne l'origine du fond cosmique de micro-ondes, et l'autre, l'abondance des éléments légers qu'on observe aujourd'hui. Un modèle cosmologique cohérent doit suggérer des réponses à ces objections, tout en tentant d'expliquer l'origine des grandes structures de l'Univers.

Le fond cosmique de micro-ondes

Le fond cosmique de micro-ondes est aujourd'hui suffisamment cartographié pour pouvoir réfuter certains scénarios ou hypothèses de travail. Il faut pouvoir expliquer non seulement son origine, mais aussi sa grande isotropie globale et ses faibles anisotropies locales.

L'isotropie globale du rayonnement fossile confirme son origine très ancienne, et donc très proche de la Cosmosphère, elle-même parfaitement isotrope. Il n'est donc pas requis de faire appel à un scénario inflationniste pour expliquer cette propriété.

En ce qui concerne l'origine de ce rayonnement, l'hypothèse des théories conventionnelles me semble la plus probable. Il s'agirait d'un rayonnement issu d'une très ancienne brume de particules, composée essentiellement d'hydrogène ionisé (protons et électrons libres) ainsi que de photons, le tout, dans un état d'équilibre thermique. Ces protons et électrons se seraient combinés pour former l'hydrogène neutre, et la brume se serait alors dissipée. Le rayonnement de combinaison subsistant serait parvenu jusqu'à nous, sous la forme d'un fond diffus de micro-ondes dont le spectre est caractéristique.

L'origine du plasma cosmique

Pour que l'Univers d'antan ait été dans cet état plasma, il est requis et il suffit que l'énergie cinétique des particules ait été supérieure à leur énergie de liaison. À défaut d'un big bang chaud, un autre mécanisme doit être à l'origine de ce plasma cosmique. L'hypothèse qui me semble la plus probable est qu'initialement, la matière n'était pas ionisée, mais dans un état neutre. On peut imaginer des neutrons libres, froids et légers, qui se désintègrent spontanément, émettant les particules ionisées selon le même processus qu'aujourd'hui. Cette désintégration bêta est une réaction exothermique qui comporte aussi l'émission d'un antineutrino électronique :

$$\mathbf{n \rightarrow p^{+} + e^{-} + \bar{\nu}_e}$$

Le rayonnement cosmique de micro-ondes aurait été émis à la même température qu'on l'observe aujourd'hui (environ 2,725 K). L'énergie de liaison de l'électron dans l'atome d'hydrogène (aujourd'hui de 13,6 eV) était donc beaucoup plus faible dans le passé. Cet accroissement de l'énergie de liaison des particules est compatible avec celui de la masse décrite précédemment. L'Univers d'antan était peu énergétique en comparaison de celui qu'on observe aujourd'hui.

L'abondance des éléments légers

Selon ce qui précède, l'hydrogène d'autrefois était très léger en comparaison de ce qu'il est aujourd'hui. La quantité de matière requise pour former une masse critique, et amorcer le processus de fusion nucléaire était alors beaucoup plus importante. Les premières étoiles étaient donc gigantesques et auraient brulé de grandes quantités d'hydrogène.

En fin de vie, ces mastodontes auraient explosé, engendrant des cataclysmes d'envergure galactique : les hypernovas. Ces explosions titanesques auraient soufflé les couches extérieures des étoiles géantes, dispersant les éléments légers, dont l'hélium, le lithium et le béryllium.

Les restes de ces mastodontes seraient à l'origine des trous noirs supermassifs qu'on observe au cœur des galaxies. La masse des particules étant croissante, ce processus se serait répété à différentes échelles, engendrant les trous noirs massifs et intermédiaires qu'on observe aujourd'hui.

L'abondance observée du deutérium

Malgré ce qui précède, l'abondance observée de certains éléments légers suggère un autre mécanisme de formation. C'est notamment le cas du deutérium (un isotope de l'hydrogène) dont l'origine semble incompatible avec la nucléosynthèse stellaire. En effet, cet élément est rapidement brulé dans les étoiles. Or, on en observe un peu partout, même dans les nuages de gaz intergalactiques.

D'une part, on suppose qu'à une époque reculée, l'énergie de liaison des particules était très faible. D'autre part, on suppose qu'à cette même époque, il existait des neutrons libres ainsi que des protons résultant de la désintégration bêta. Ce mélange est bien celui qui est requis pour une nucléosynthèse. Toutefois, il manque un ingrédient essentiel : la chaleur.

Cette situation est comparable à celle d'un moteur à essence. Même si on introduit le bon mélange air/essence dans le cylindre, la combustion ne peut s'amorcer d'elle-même. Il faut une source de chaleur intense pour amorcer la réaction, l'étincelle d'une bougie par exemple. Une fois la réaction exothermique amorcée, celle-ci s'entretient d'elle-même grâce à la chaleur produite.

Les premières étincelles cosmiques

Si l'hypothèse des neutrons primordiaux est juste, alors des étincelles cosmiques ont bien été générées, et cela pourrait avoir amorcé certaines réactions nucléaires dans un contexte de faible énergie. En effet, il existe une autre forme de désintégration du neutron :

$$\mathbf{n \rightarrow p^{+} + e^{-} + \bar{\nu}_e + \gamma}$$

Cette désintégration radiative du neutron se produit environ 0,3 % du temps, les 99,7 % restants correspondant à la désintégration bêta. L'énergie des photons gamma (γ) émis lors de cette réaction est aujourd'hui comprise entre 15 et 340 keV, ce qui correspond à une température variant de 174 MK à 3,9 GK.

Toute proportion gardée, l'énergie des photons émis lors de la désintégration radiative des neutrons était donc suffisante pour amorcer certaines réactions nucléaires dans un contexte de faible énergie. Les photons primordiaux ont probablement été absorbés par la matière, et j'ignore si certains d'entre eux ont pu laisser une empreinte quelconque sur une des fréquences du fonds diffus cosmologique.

Une faible masse implique une plus grande section efficace des particules et des noyaux, ce qui facilite grandement les collisions. On peut donc supposer que l'origine du deutérium soit de nature cosmologique :

$$\mathbf{n + p \rightarrow D + \gamma}$$

En effet, cette réaction n'implique aucune répulsion électrostatique entre les particules.

En ce qui concerne la formation des autres éléments légers comme l'hélium, le lithium et le béryllium, elle pourrait être d'origine stellaire comme mentionnée précédemment. Il est vrai qu'une faible énergie de liaison suggère une faible charge, ce qui réduirait d'un facteur quadratique la répulsion entre les noyaux. Toutefois, j'ignore quelles seraient les réactions nucléaires autorisées par les conditions présentes à cette époque reculée.

En résumé, l'hypothèse des neutrons primordiaux suggère l'occurrence d'une nucléosynthèse primordiale qui aurait généré le deutérium et possiblement d'autres éléments légers.

L'origine des grandes structures de l'Univers : La cryogenèse

L'analyse des fluctuations du rayonnement fossile montre que les mégastructures primordiales de l'Univers ont laissé leur empreinte sur ce rayonnement. On en déduit que la formation de ces structures s'est amorcée avant le découplage matière-rayonnement, responsable de l'émission du rayonnement fossile. On a vu que cela pose problème pour les modèles de type big bang chaud, car pour amorcer le processus d'effondrement gravitationnel, la matière doit être stabilisée.

En revanche, si l'Univers primordial était composé de neutrons très froids et ultralégers, alors la matière était originellement dans un état différent. Un tel état fondamental de la matière (celui de la plus basse énergie) a été prédit dès 1925 par Albert Einstein. Il s'agit du condensat de Bose-Einstein dont certaines formes sont aujourd'hui produites en laboratoire, à très basse température.

Sous l'effet de l'expansion cosmique, cette substance agglutinée se serait graduellement transformée en mousse cosmique, dont on observe aujourd'hui les vestiges : de grands vides cosmiques dont le diamètre se mesure en centaines de Mal. La nature spongieuse de l'Univers à cette échelle est la signature d'une matière légère et agglutinée, qui aurait gonflé.

Les parois de ces bulles cosmiques forment aujourd'hui de grands murs ou feuilles de galaxies. À la jonction de ces mégastructures, là où la densité de matière était jadis plus importante, on retrouve des filaments de matière : les superamas de galaxies.

Sous l'effet combiné de l'expansion cosmique et de la gravité, cette matière se serait graduellement fragmentée, amorçant la formation des amas de galaxies, des galaxies et des amas globulaires, telle que décrite précédemment.

Durant ce processus cryogénique, les neutrons gagent en masse et en énergie. À un certain moment, ils se seraient désintégrés dans un gigantesque pop-corn cosmique. Les particules ionisées se seraient ensuite combinées pour former l'hydrogène neutre. Lorsque l'Univers devint transparent, le rayonnement cosmique subsistant aurait alors cartographié les structures primordiales.

L'absence de monopôle magnétique

Selon la théorie du big bang, il devrait exister des monopôles magnétiques, c'est-à-dire des particules qui porteraient une charge magnétique ponctuelle (Nord ou Sud). Or, tous les aimants observés possèdent deux pôles magnétiques opposés. Où se cachent donc les monopôles magnétiques ?

Ce problème n'existe pas dans le système cosmosphérique. La création d'un monopôle magnétique exige théoriquement une température très élevée. Or, selon l'hypothèse cosmosphérique, une telle température n'a jamais existé.

L'absence quasi totale d'antimatière

Dans un premier temps, il est bon de rappeler que l'existence de l'antimatière n'est pas que théorique. Tous les jours, on en fabrique en petite quantité dans les accélérateurs de particules.

Les astres et les nuages de gaz qu'on observe sont entièrement constitués de matière ordinaire comme les protons, les neutrons et les électrons. Selon la théorie du big bang, l'univers observable comportait initialement une quantité égale de matière et d'antimatière. La température de l'Univers était alors très élevée. Où se cache donc l'antimatière, ou si elle n'existe plus, comment a-t-elle disparu ?

Selon l'hypothèse cosmosphérique, l'univers observable était jadis composé de neutrons froids qui se sont désintégrés. Parce que le temps s'écoule du passé vers le futur, seule la matière ordinaire a pu se former et subsister dans cet environnement. Une particule d'antimatière est comme une particule de matière qui remonte le cours du temps. Elle rencontrera rapidement une particule de matière et sera annihilée.

Existe-t-il un univers miroir ?

Étrangement, le système cosmosphérique suggère l'existence d'un univers miroir. Selon l'hypothèse cosmosphérique, ce qui est unique et invariant, c'est la Cosmosphère elle-même. Rien n'empêche qu'un univers miroir, composé d'antimatière ait été engendré par la Cosmosphère, parallèlement à l'univers de matière que nous habitons. Dans l'univers miroir, la flèche du temps serait inversée, de même que la gauche et la droite.

La création des neutrons primordiaux dans l'univers observable aurait été accompagnée de la création d'une quantité égale d'antineutrons dans l'univers miroir. Celui-ci aurait évolué de façon analogue au nôtre, et comporterait des antiatomes, des antiétoiles, des antiplanètes et peut-être même des êtres vivants composés d'antimatière !

Par analogie, imaginons un monde en deux dimensions. Supposons qu'on se rende compte qu'on se situe exactement au centre d'une pièce de monnaie, du côté face. Le pourtour de cette pièce de monnaie joue ici le rôle de Cosmosphère. Il est invariant et constitue la limite de notre espace en deux dimensions.

Même si nous n'y avons pas accès, on peut imaginer qu'il existe un côté pile à cette pièce de monnaie, et que ce côté pile ressemble au côté face que nous habitons. Dans cette configuration, les côtés pile et face partagent le même pourtour. Si on tente d'imaginer ce qui est écrit du côté pile, on se rend compte que la gauche et la droite sont inversées par rapport au côté face.

L'hypothèse d'un univers miroir solutionne les problèmes d'asymétrie spatiale et temporelle. La direction de la flèche du temps qu'on observe ne serait plus unique ni arbitraire. La symétrie de réflexion autorise aussi une inversion gauche-droite des processus et systèmes chiraux.

LE FUTUR DE L'UNIVERS

Les modèles cosmologiques conventionnels prédisent un sombre destin pour l'Univers. Il peut s'agir d'une mort thermique de l'Univers dans un froid glacial, ou encore d'une fusion torride de la matière dans un big crunch. Ces prédictions contrastent avec le pronostic optimiste du modèle cosmosphérique. Selon celui-ci, le futur à long terme de l'univers est caractérisé par une lente croissance de la masse des particules et des astres.

La masse critique pour former une étoile

Pour qu'une étoile puisse entretenir une réaction de fusion de l'hydrogène, elle doit disposer d'une masse minimum d'environ 0,08 $M_{\odot}$, ce qui correspond à environ 80 fois la masse de Jupiter (M_J). En dessous de cette masse critique, on a affaire soit à une naine brune (>13 M_J), soit à une géante gazeuse (≤13 M_J). Ces astres gazeux sous-stellaires sont très abondants et essentiellement composés d'hydrogène et d'hélium, tout comme les étoiles. Ils sont parfois qualifiés d'étoiles ratées, car considérés comme incapables d'amorcer le processus de fusion de l'hydrogène.

La magie du système cosmosphérique

Dès qu'un concept de masse critique est en cause, l'accroissement de la masse prédite par le système cosmosphérique intervient. Si la masse des particules est en croissance, alors il en faut de moins en moins pour former la masse critique requise à la fusion de l'hydrogène. On en déduit que les gazeuses sous stellaires sont en fait des étoiles en gestation.

Sous l'effet gravitationnel engendré par l'augmentation de sa propre masse, une naine brune massive se réchauffera en son centre et finira par s'allumer pour donner naissance à une véritable étoile. Ce processus est lent, mais il s'applique en principe à tous les astres dont la composition est semblable à celle des étoiles, c'est-à-dire riche en hydrogène.

Selon le système cosmosphérique, Jupiter et Saturne sont promises à un brillant avenir. Dans un futur lointain, elles s'allumeront pour illuminer leur cortège de planètes, dont certaines hébergeront peut-être d'étonnantes formes de vie inédites.

QUESTIONNEMENTS MÉTAPHYSIQUES

Dans une démarche systémique, une vision globale du système est requise. Comme le système étudié (l'Univers) comporte en principe la totalité de ce qui existe, on ne peut éviter les questionnements d'ordre épistémologique, ontologique et théologique. Cet ouvrage ne prétend pas répondre à toutes ces questions, mais il tente d'identifier certaines implications du paradigme cosmosphérique.

À priori, le principe cosmosphérique postule l'existence d'une entité unique et immuable qui engendre et régit le temps, l'espace et la matière. Or, cette entité immatérielle, incréée et éternelle, est par définition transcendante.

Réflexions épistémologiques

Considérons les hypothèses suivantes :

1. La terre est le centre de l'Univers ;
2. Le soleil est le centre de l'Univers ;
3. L'Univers n'a pas de centre ;
4. Le centre de l'Univers est partout.

Ces hypothèses relèvent de la cosmologie physique. On peut, à l'aide de l'observation et du raisonnement, se forger une image plus ou moins cohérente de l'Univers, selon l'hypothèse que l'on favorise. Le choix qu'on effectue influence directement notre interprétation et notre compréhension des phénomènes. Ces quatre hypothèses semblent à priori mutuellement exclusives et donc inconciliables.

La question de savoir si ces hypothèses ont une valeur de vérité est délicate. Tout dépend de ce qu'on entend par l'Univers. Par exemple, l'interprétation cosmosphérique de l'hypothèse 4 se réfère à un univers pour-soi, une projection de l'Univers en-soi. Ce dernier demeure toutefois inaccessible, et la question de savoir si celui-ci a un centre ou non est inappropriée, car l'espace ne serait qu'un concept physique qui s'applique uniquement à une projection, et non pas à l'Univers en soi.

Maintenant, si on considère cet univers pour soi, alors l'hypothèse 4 semble compatible avec les deux premières, à savoir qu'on peut tout aussi bien considérer la terre ou le soleil comme le centre, puisqu'il est partout. D'autre part, l'Univers n'aurait pas vraiment de centre unique et défini, ce qui s'apparente à l'hypothèse 3. En tant que manifestation du Maximum absolu, la Cosmosphère semble induire une certaine conciliation entre ces différentes hypothèses qui s'opposent pourtant les unes aux autres.

La docte ignorance nous enseigne que notre savoir est relatif et limité. La science à elle seule ne nous révèlerait donc pas la nature ultime de la réalité, la vérité absolue. Il est préférable, selon moi, de parler de conformité entre l'observation et l'interprétation des phénomènes à l'aide d'un cadre conceptuel. Plus le niveau de conformité est élevé, plus le cadre conceptuel utilisé serait vraisemblable et crédible.

Réflexions métaphysiques

Maintenant, considérons les hypothèses suivantes :

- L'Univers a un sens ;
- L'Univers n'a pas de sens.

Ces hypothèses relèvent de la métaphysique, qu'on peut définir comme la quête du sens. La métaphysique recouvre plusieurs domaines de la philosophie, dont l'ontologie, la théologie et la cosmologie. Ces domaines ne sont toutefois pas disjoints les un des autres. On peut les considérer comme les différentes facettes d'une même représentation du monde, pour peu que cette représentation soit cohérente.

J'amorce ma réflexion à partir des racines de l'ontologie. Parménide nous dit que l'être existe et que le non-être (le néant) n'existe pas. De façon analogue on peut supposer que le sens est l'attribut de l'être, et le non-sens l'attribut du non-être. D'une part on sait que le néant n'a pas de sens puisqu'il n'existe pas. D'autre part, il est logique de chercher un sens à ce qui existe.

Certains philosophes prétendent que l'existence elle-même n'a pas de sens. Cette forme de métaphysique négative cherche une explication sensée de ce qui ne le serait pas.

L'hypothèse du non-sens est selon moi un paradoxe comparable à celui du non-être. C'est une absurdité parce qu'elle implique que la réflexion qui en découle soit elle-même dépourvue de sens. J'en conclus que tout comme le non-être, le non-sens n'existe pas.

Si l'Univers à un sens, il est naturel de chercher à savoir en quoi ce sens consiste, et d'où il provient. C'est ici que la théologie entre en jeu. Pour les croyants, seul un Dieu omniscient et tout-puissant peut donner un sens à l'Univers qu'il a lui-même engendré, un sens qui échappe parfois à l'entendement humain. Si ce n'était pas le cas, l'Univers n'aurait pas de sens et n'existerait donc pas.

On assiste depuis quelques décennies à une montée du scientisme, une idéologie athée qui postule que l'Univers s'est créé tout seul et qu'il se limite à ce que la science peut en dire. Pour ma part, j'estime que l'athéisme laisse plusieurs questions fondamentales sans réponse satisfaisante :

- Comment l'être pourrait-il émerger du non-être?
- Comment le sens pourrait-il émerger du non-sens?

- Comment la complexité et la vie pourraient-elles émerger d'un désordre global et croissant?
- Comment la pensée consciente pourrait-elle émerger de l'inconscience?
- Comment le libre arbitre pourrait-il émerger du déterminisme?

Ces réflexions visent à montrer que l'hypothèse d'un Dieu transcendant et personnel est non seulement possible, mais aussi qu'elle fournit une explication simple et cohérente à plusieurs problèmes existentiels. Cette croyance qui remonte à la nuit des temps demeure à ce jour celle qui rallie le plus grand nombre d'adeptes.

La théologie cusaine

Dans la docte ignorance, Nicolas de Cues compare Dieu à la sphère maximum. D'un point de vue ontologique, rien ne peut exister en dehors de l'Être lui-même. L'Univers physique ne pouvant être extérieur à Dieu, Celui-ci aurait choisi de l'envelopper de son Être suprême pour le maintenir en son sein et surveiller son évolution. Physiquement, ce contenant cosmique est à jamais inaccessible, et pourtant depuis l'antiquité, il est parfaitement accessible à l'entendement.

Le cardinal est évidemment chrétien et manifeste son profond attachement à la Sainte Trinité. Pour lui, le Maximum absolu est tout simplement irréductible. Lorsque Jésus priait et faisait des miracles, il levait souvent les yeux vers le ciel, et quand on lui demande comment prier, il dit explicitement : « Notre Père, qui est aux cieux… » L'association du Dieu chrétien à la Cosmosphère est donc toute naturelle. La Cosmosphère, c'est en quelque sorte la maison du Père, la demeure céleste.

Cette théologie cusaine est qualifiée de panenthéiste. Le panenthéisme cusain postule l'existence d'un Dieu personnel et transcendant qui entretient une relation particulièrement féconde avec l'Univers qu'il a lui-même engendré. Il faut distinguer le panenthéisme cusain, du panthéisme qu'on peut associer à une forme de naturalisme.

Les implications théologiques de la docte ignorance dépassent le cadre de cet ouvrage. Nicolas de Cues est d'abord un mystique qui poursuit l'ouvre de Maître Eckhart et d'autres théologiens, dont la pensée s'inscrit dans une forme de néoplatonisme chrétien qu'on appelle la mystique rhénane. Le lecteur intéressé par la question est invité à se référer aux ouvrages cusains et aux analyses qu'en font les spécialistes. En particulier, le dernier ouvrage métaphysique de Nicolas de Cues intitulé *« Du non-autre »* nous propose l'image d'un Dieu à la fois transcendant et immanent au monde (Cues, 2002). En tant que Maximum absolu, Dieu est par nature au-delà des contraires.

La Cosmosphère d'un point de vue théologique

Le système cosmosphérique cherche à concrétiser cette théologie panenthéiste par l'entremise de la Cosmosphère. Celle-ci serait le moyen utilisé par Dieu pour engendrer l'Univers physique et le faire évoluer. Pour un croyant, l'intervention divine ne se limite pas à forger un univers dans un big bang chaud, et à l'abandonner par la suite à son sort selon des paramètres immuables (position déiste). Par sa toute-puissance, Dieu demeure constamment présent à sa création et peut intervenir à son gré dans quelque domaine que ce soit. En effet, comment pourrions-nous espérer être exaucés si nos prières s'adressent à un dieu qui ne peut pas intervenir?

Ce que nous appelons le hasard serait un outil d'intervention divine. Certains prétendent que, sous prétexte que l'on comprend de mieux en mieux certains mécanismes d'interventions divines, Dieu n'est plus requis et n'existe donc pas. D'un point de vue logique, ce raisonnement n'est pas valide. Par exemple, ce n'est pas parce que la sélection naturelle explique en partie le mécanisme d'évolution que celle-ci ne fait pas partie du plan divin. C'est une croyance, pas une preuve.

En particulier, l'être humain serait un acteur privilégié pour la réalisation du plan divin. Comme toutes les espèces, l'être humain appartient à la nature et la nature appartient à Dieu. C'est cette filiation de l'homme qui fait de nous les enfants de Dieu. Pour exercer notre libre arbitre, la nature nous a dotés d'un mécanisme pour anticiper le futur et l'orienter par nos pensées, nos paroles et nos actes. Dieu aurait ainsi choisi de nous confier une partie du travail, des talents à faire fructifier dans ce monde toujours en chantier. Nous sommes tous, d'une manière ou d'une autre, invités à contribuer à l'élaboration d'un monde meilleur.

J'estime que la cosmologie relève d'abord de la métaphysique, et peut difficilement se cantonner au domaine scientifique. Je rejette donc la théorie du big bang au profit d'une cosmologie holistique, plus cohérente à mes yeux.

En conclusion, le système cosmosphérique décrit dans cet ouvrage est compatible avec le panenthéisme dont il est issu.

Le principe holographique et l'omniscience de Dieu

Le principe holographique est une conjecture de la théorie de la gravité quantique proposée par Gerard't Hooft (Hooft, 1993), puis améliorée par Leonard Susskind (Susskind, 1995). En essence, ce principe postule que la quantité maximale d'information contenue dans un volume d'espace est limitée par celle emmagasinée à la surface de ce volume. Cette quantité d'information serait effectivement maximale dans le cas d'un trou noir dont l'entropie est proportionnelle à la surface de son horizon. Ce principe est aujourd'hui reconnu par une communauté croissante de physiciens.

Puisque la Cosmosphère est l'horizon du trou noir cosmique, ce serait bien elle qui constitue l'essence de la réalité. Notre perception subjective du monde physique ne serait que la projection en trois dimensions de cet horizon cosmique, un peu à la manière d'un hologramme.

Si on associe le principe holographique au principe cosmosphérique, alors la Cosmosphère contient toute l'information de l'Univers. Celui qui y réside dispose donc de la connaissance du tout. L'omniscience étant un attribut divin, le principe holographique conforte l'hypothèse cusaine qui assimile la sphère maximum à Dieu.

CONCLUSION

Le concept de Cosmosphère remonte à l'antiquité et le système cosmosphérique concrétise une conjecture datant du moyen âge tardif. L'hypothèse cosmosphérique aurait été mise au rancart prématurément en raison d'une croyance répandue : le réalisme objectif.

Depuis environ un siècle, l'observation des phénomènes quantiques, relativistes et cosmologiques met en lumière une forme de réalisme subjectif. Le principe copernicien sur lequel s'appuient les théories actuelles découle donc d'une position philosophique arbitraire. Il en va de même en ce qui concerne les notions d'espace-temps et d'écoulement uniforme du temps. En résumé, la théorie du big bang repose selon moi sur des hypothèses injustifiées. C'est pour cette raison que la cosmologie systémique constitue une alternative valable et légitime à la cosmologie objective.

Le système cosmosphérique résulte d'une démarche structurée qui repose sur l'approche systémique. Il permet d'expliquer plusieurs phénomènes, dont l'inertie, la gravitation, l'expansion spatiale et son accélération.

Il fait l'économie de plusieurs concepts spéculatifs et plus ou moins étranges, dont les infinis physiques, le big bang, l'inflation cosmique, les vitesses supraluminiques, la matière noire exotique, l'énergie noire, les dimensions supplémentaires, les univers multiples et même l'espace-temps.

Une nouvelle théorie soulève souvent plus de questions qu'elle ne fournit des réponses, et le système cosmosphérique ne fait pas exception à cette règle. Cet ouvrage ne prétend pas identifier toutes ces questions et encore moins y répondre. Toutefois, en raison de sa cohérence, de son pouvoir explicatif et de sa conformité à l'observation, j'estime que le système cosmosphérique mérite qu'on s'y intéresse davantage.

Si l'hypothèse cosmosphérique n'expliquait que deux ou trois observations, on pourrait considérer qu'il s'agit de simples coïncidences. Toutefois, l'abondance des observations compatibles rend ces coïncidences hautement improbables et l'hypothèse cosmosphérique d'autant plus probable.

Si cet ouvrage a pu semer le doute dans votre esprit, alors il valait la peine d'être publié. Si certains éléments de son contenu vous semblent probants, alors une analyse plus poussée de ces éléments serait pour le moins utile.

D'après vous, l'Univers est-il vraiment dénué de sens et de but? Se serait-il créé tout seul, sorti par hasard de nulle part? Aurait-il engendré des êtres vivants et conscients, toujours par hasard? Notre existence même serait-elle dénuée de sens, et le libre arbitre que nous croyons exercer ne serait-il qu'une illusion?

Quelle que soit votre opinion sur le sujet, j'espère vous avoir transmis le gout de vous questionner sur l'étendue de notre savoir, comme nous l'enseigne la docte ignorance de Nicolas de Cues.

ANNEXE A – VALEURS DES CONSTANTES PHYSIQUES UTILISÉES

Constante	Notation	Dimension	Valeur
Vitesse de la lumière	c	$L\,T^{-1}$	299 792 458 m s^{-1}
Constante de Planck	h	$M\,L^2\,T^{-1}$	6,626 070 15 E-34 kg m^2 s^{-1}
Constante de Planck réduite	$\hbar$	$M\,L^2\,T^{-1}$	1,054 571 82 E-34 kg m^2 s^{-1}
Constante gravitationnelle	G	$M^{-1}\,L^3\,T^{-2}$	6,674 3 E-11 kg^{-1} m^3 s^{-2}
Constante de Hubble *	H	T^{-1}	2,333 8 E-18 s^{-1}
Constante de Boltzman	k_B	$M\,L^2\,T^{-2}\,\theta^{-1}$	1,380 649 E-23 J K^{-1}
Constante de Coulomb	k_e	$M\,L^3\,T^{-2}\,Q^{-2}$	8,987 551 792 E+09 N m^2 C^{-2}
Charge élémentaire	e	Q	1,602 176 634 E-19 C
Masse de l'électron	m_e	M	9,109 383 701 5 E-31 kg
Masse du proton	m_p	M	1,672 621 923 69 E-27 kg

Valeurs du CODATA 2018

* $H = G\,(m_e\,m_p)^{3/2}\,c^2/h\,k_e\,e^2$

ANNEXE B – VALEURS MINIMUMS DES GRANDEURS PHYSIQUES

Grandeur	Dimension	Valeur minimum	
		Formule	Valeur
Masse	M	$M_{\min} = E_{\min}/c^2$	1,720 6 E-68 kg
Longueur	L	$L_{\min} = 2G\,M_{\min}/c^2$	2,555 5 E-95 m
Temps	T	$T_{\min} = L_{\min}/c$	8,524 1 E-104 s
Fréquence	T^{-1}	$f_{\min} = H$	2,333 8 E-18 s^{-1}
Vitesse	$L\,T^{-1}$	$v_{\min} = H\,L_{\min}$	5,963 9 E-113 m s^{-1}
Accélération	$L\,T^{-2}$	$a_{\min} = H\,c$	6,996 5 E-10 m s^{-2}
Force	$M\,L\,T^{-2}$	$F_{\min} = M_{\min}\,a_{\min}$	1,203 8 E-77 N
Énergie	$M\,L^2\,T^{-2}$	$E_{\min} = h\,H$	1,546 4 E-51 J
Action	$M\,L^2\,T^{-1}$	$A_{\min} = h$	6,626 070 15 E-34 J s
Température	θ	$\theta_{\min} = E_{\min}/k_B$	1,120 0 E-28 K
Surface	L^2	$s_{\min} = \pi\,L_{\min}^2$	2,051 6 E-189 m^2
Volume	L^3	$V_{\min} = (4/3)\pi\,L_{\min}^3$	6,990 2 E-284 m^3

La précision de ces valeurs dépend de celle des constantes physiques.

ANNEXE C – VALEURS MAXIMUMS DES GRANDEURS PHYSIQUES

Grandeur	Dimension	Valeur maximum	
		Formule	Valeur
Masse	M	$M_{max} = M_U = E_{max}/c^2$	8,649 0 E+52 kg
Longueur	L	$L_{max} = R_U = c/H$	1,284 6 E+26 m
Temps	T	$T_{max} = 1/H$	4,284 9 E+17 s
Fréquence	T^{-1}	$f_{max} = 1/T_{min}$	1,173 1 E+103 s^{-1}
Vitesse	$L\ T^{-1}$	$v_{max} = c$	299 792 458 m s^{-1}
Accélération	$L\ T^{-2}$	$a_{max} = f_{max}\ c$	3,517 0 E+111 m s^{-2}
Force	$M\ L\ T^{-2}$	$F_{max} = M_{max}\ a_{max}$	3,041 9 E+164 N
Énergie	$M\ L^2\ T^{-2}$	$E_{max} = h\ f_{max}$	7,773 4 E+69 J
Action	$M\ L^2\ T^{-1}$	$A_{max} = E_{max}\ T_{max}$	3,330 8 E+87 J s
Température	θ	$\theta_{max} = E_{max}/k_B$	5,630 2 E+92 K
Surface	L^2	$s_{max} = \pi\ L_{max}^2$	5,184 1 E+52 m^2
Volume	L^3	$V_{max} = (4/3)\pi\ L_{max}^3$	8,879 2 E+78 m^3

La précision de ces valeurs dépend de celle des constantes physiques.

ANNEXE D – VALEURS INTERMÉDIAIRES DES GRANDEURS PHYSIQUES

Grandeur	Dimension	Valeur intermédiaire	
		Formule	Valeur
Masse	M	$M_{int} = \sqrt{(M_{min}\ M_{max})}$	3,857 6 E-08 kg
Longueur	L	$L_{int} = \sqrt{(L_{min}\ L_{max})}$	5,729 5 E-35 m
Temps	T	$T_{int} = \sqrt{(T_{min}\ T_{max})}$	1,911 1 E-43 s
Fréquence	T^{-1}	$f_{int} = \sqrt{(f_{min}\ f_{max})}$	5,232 5 E+42 s^{-1}
Vitesse	$L\ T^{-1}$	$v_{int} = \sqrt{(v_{min}\ v_{max})}$	1,337 1 E-52 $m\ s^{-1}$
Accélération	$L\ T^{-2}$	$a_{int} = \sqrt{(a_{min}\ a_{max})}$	1,568 7 E+51 $m\ s^{-2}$
Force	$M\ L\ T^{-2}$	$F_{int} = \sqrt{(F_{min}\ F_{max})}$	6,051 3 E+43 N
Énergie	$M\ L^2\ T^{-2}$	$E_{int} = \sqrt{(E_{min}\ E_{max})}$	3,467 1 E+09 J
Action	$M\ L^2\ T^{-1}$	$A_{int} = \sqrt{(A_{min}\ A_{max})}$	1,485 6 E+27 J s
Température	θ	$\theta_{int} = \sqrt{(\theta_{min}\ \theta_{max})}$	2,511 2 E+32 K
Surface	L^2	$s_{int} = \sqrt{(s_{min}\ s_{max})}$	1,031 3 E-68 m^2
Volume	L^3	$V_{int} = \sqrt{(V_{min}\ V_{max})}$	7,878 3 E-103 m^3

La précision de ces valeurs dépend de celle des constantes physiques.

ANNEXE E – VALEURS D'AUTRES GRANDEURS UTILISÉES

Grandeur	Notation	Dimension	Valeur	Formule
Masse de la terre	M_T	M	5,972 2 E+24 kg	
Masse de Jupiter	M_J	M	1,898 6 E+27 kg	
Masse du soleil	$M_\odot$	M	1,988 4 E+30 kg	
Âge de l'Univers	H^{-1}	T	1,357 8 E+10 a	H^{-1}
Volume de l'Univers	V_U	L^3	8,879 2 E+78 m^3	$4\pi c^3/3H^3$
Débit cosmique	$\dot{V}_U$	$L^3\ T^{-1}$	6,216 6 E+61 $m^3\ s^{-1}$	$4\pi c^3/H^2$
Variation du débit cosmique	$\ddot{V}_U$	$L^3\ T^{-2}$	1,450 8 E+44 $m^3\ s^{-2}$	$4\pi c^3/H$
Masse volumique de l'Univers	M_U / V_U	$M\ L^{-3}$	9,740 8 E-27 kg m^{-3}	$3H^2/8\pi G$
Densité critique de l'Univers	$\rho_C = \rho_U$	$M\ L^{-1}\ T^{-2}$	8,754 6 E-10 J m^{-3}	$3c^2\ H^2/8\pi G$
Entropie de l'Univers	S_U	$M\ L^2\ T^{-2}\ \theta^{-1}$	6,940 3 E+97 J K^{-1}	$k_B\ c^5/2G\ h\ H^2$
Constante cosmologique	Λ	L^{-2}	1,818 0 E-52 m^{-2}	$3H^2/c^2$
Constante de structure fine	α		7,297 353 E-03	$k_e\ e^2/\hbar c$
Ratio des forces e.m./grav.	β		2,268 7 E+39	$k_e\ e^2/G\ m_e\ m_p$
Ratio max/min	Σ		5,026 8 E+120	$c^5/2G\ h\ H^2$

La précision de ces valeurs dépend de celle des constantes physiques.

ANNEXE F -VALEURS D'UNE GRANDEUR QUANTIFIÉE (*Q*) FICTIVE

Indice	Valeur
1	0,100 000
2	0,198 020
3	0,292 233
4	0,381 096
5	0,463 435
6	0,538 480
7	0,605 856
8	0,665 534
9	0,717 764
10	0,762 999
11	0,801 820
12	0,834 878
13	0,862 841
14	0,886 362
15	0,906 053
16	0,922 472
17	0,936 118
18	0,947 428
19	0,956 780
20	0,964 498
21	0,970 859
22	0,976 094
23	0,980 398
24	0,983 933
25	0,986 835

Le quantum ($q = 0{,}1$) de cette grandeur Q serait démesurément grand par rapport à la valeur maximum ($Q_{max} = 1$) :
$Q_1 = q$ et $Q_n = Q_{n-1} \tilde{+}\, q$.

ANNEXE G – L'ÉNIGME *MELT-G*

Le réseau *MELT-hc* de la figure 5 comporte des équations connues qui expriment la nature ondulatoire de l'énergie et de la masse. Toutefois, on peut aussi formuler des équations qui font intervenir la constante gravitationnelle (G).

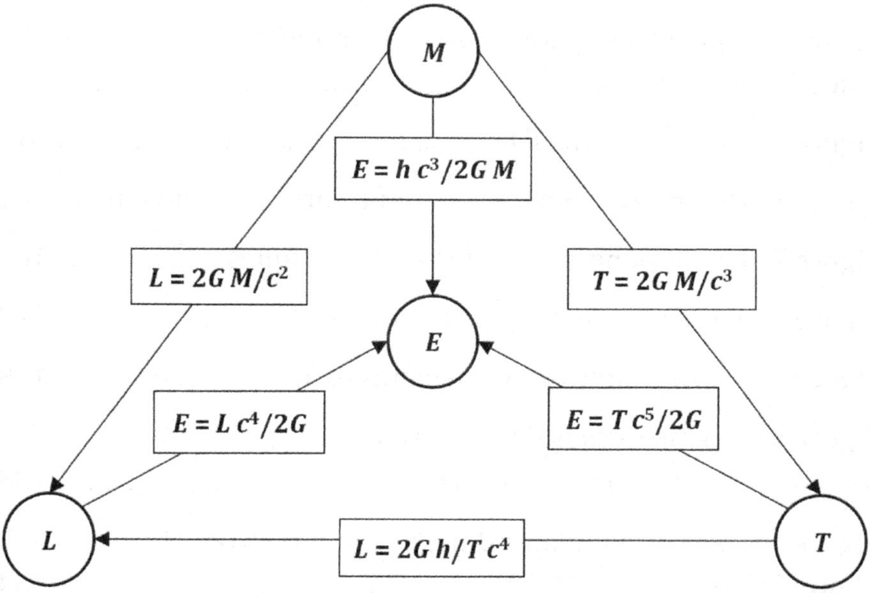

Figure 13 - Le réseau MELT-G

Hormis le rayon de Schwarzschild ($L = 2G\,M/c^2$) et son lien temporel ($T = 2G\,M/c^3$), j'ignore la signification physique de ces équations qui me semblent pourtant correctes d'un point de vue algébrique. Quelle est cette énergie qui croît avec le temps et décroit avec la masse? À quoi correspond cette longueur inversement proportionnelle au temps?

Saurez-vous résoudre cette énigme?

LISTE DES FIGURES

TABLE DES MATIÈRES

BIBLIOGRAPHIE

Barnes, L., & Lewis, G. (2020). *The Cosmic Revolutionary's Handbook.* Cambridge: Cambridge University Press.

Barrau, A. (2016). *De la vérité dans les sciences.* Paris: Dunod.

Barrow, J. D. (1996). *La grande théorie.* Paris: Flammarion.

Barrow, J. D. (2005). *The infinite book.* London: Vintage.

Bouazaoui, M., Delahaye, J.-P., & Wlodarczak, G. (2003). *L'infini dans les sciences, l'art et la philosophie.* Paris: L'Harmattan.

Broglie, L. d. (1924). *Recherches sur la théorie des Quanta.* Annales de la fondation Louis de Broglie. France: Migration - Université en cours d'affectation.

Carvalho, J. (1995). Derivation of the mass of the observable universe. *International Journal of Theoretical Physics.*

Cazenave, M. (1996). *La science et l'âme du monde.* Paris: Albin Michel.

Cazenave, M. (2005). *De la science à la philosophie.* France: Albin Michel.

Chardin, P. T. (1955). *Le phénomène humain.* France: Le Seuil.

Cohen-Tannoudji, G. (1998). *Les constantes universelles.* France: Hachette.

Crescenzo, L. d. (1999). *Les grands philosophes de la Grèce antique.* Milan: Éditions de Fallois.

Cues, N. d. (2002). *Du non-autre - Le guide du penseur.* Paris: Les éditions du cerf.

Cues, N. d. (2008). *La Docte Ignorance.* (H. Pasqua, Trad.) Paris: Éditions Payot & Rivages.

Davis, P. (1983). *God and the new physics.* New York: Simon & Schuster.

Davis, P. (1993). *The mind of God.* New York: Simon & Schuster.

Dirac, P. (1937). The Cosmological Constants. *Nature.*

During, É. (1998). *La métaphysique.* Paris: Flammarion.

Einstein, A. (1956). *La relativité.* Saint-Amand (Cher.): Éditions Gauthier-Villars.

Einstein, A., & Infeld, L. (1983). *L'évolution des idées en physique.* Paris: Flammarion.

Fahr, H., & Heyl, M. (2007). Cosmic vacuum energy decay and creation of cosmic matter. *Die Naturwissenschaften.*

Farouki, N. (1995). *La métaphysique.* France: Flammarion.

Gauthier, Y. (1995). *La philosophie des sciences.* Montréal: Les presses de l'Université de Montréal.

Grondin, J. (2004). *Introduction à la métaphysique.* Montréal: Presses de l'Université de Montréal.

Haranas, I., & Harney, M. (2009). The Mass of the Universe and Other Relations in the Idea of a Possible Cosmic Quantum Mechanics. *Progress in Physics.*

Hawking, S., & Penrose, R. (1997). *La nature de l'espace et du temps.* France: Gallimard.

Hooft, G. '. (1993). Dimensional Reduction in Quantum Gravity. *General Relativity and Quantum Cosmology*, 13.

Hoyle, F. (1948). A new model for the expanding universe. *Monthly Notices of the Royal Astronomical Society.*

Hoyle, F. (1958). The Steady State Theory. *La structure et l'évolution de l'Univers.* Bruxelles: Institut international de physique Solvay.

Hudry, F. (1989). *Le livre des XXIV philosophes.* Paris: Librairie philosophique J. Vrin.

Iorio, L. (2011). An empirical explanation of the anomalous increases in the astronomical unit and the lunar eccentricity. *The Astronomical Journal*, 3.

Iorio, L. (2011). On the anomalous secular increase of the eccentricity of the orbit of the Moon. *Monthly Notices of the Royal Astronomical Society*, 10.

Jeans, J. (1928). The Physics of the Universe. *Nature.*

Kant, E. (1944). *Critique de la raison pure.* Paris: Presses universitaires de France.

Klein, É., & Lachièze-Rey, M. (1996). *La quête de l'unité.* France: Albin Michel.

Klein, É., & Spiro, M. (1996). *Le temps et sa flèche.* France: Flammarion.

Koyré, A. (1973). *Du monde clos à l'Univers infini.* France: Éditions Galimard.

Languirand, J., & Proulx, J. (2008). *Le Dieu cosmique.* Montréal: Le Jour éditeur.

Lepeltier, T. (2014). *La face cachée de l'Univers - Une autre histoire de la cosmologie.* Paris: Éditions du Seuil.

Lepeltier, T. (2021). *L'Univers existe-t-il?* Paris: Presses Univeristaire de France.

Lerner, E. J. (1992). *The Big Bang Never Happened.* New York: Vintage Books.

Lloyd, S. (2002, May 24). Computational Capacity of the Universe. *Physical review letters*, p. 4.

Marty, B., Zimmermann, L., Pujol, M., Burgess, R., & Philippot, P. (2013). Nitrogen Isotopic Composition and Density of the Archean Atmosphere. *Science, American Association for the Advancement of Science.*

Milgrom, M. (2020). MOND vs. dark matter in light of historical parallels. *Astrophysics of Galaxies (astro-ph.GA).*

Monnoyeur, F. (1992). *Infini des mathématiciens, infini des philosophes.* France: Bélin.

Monnoyeur, F. (1995). *Infini des philosophes, infini des astronomes.* France: Bélin.

Narlikar, J. (1993). *Introduction to Cosmology.* Cambridge: Cambridge University Press.

Narlikar, J., & Arp, H. (1993). Flat Spacetime Cosmology: A Unified framework for extragalactic redshifts. *The Astrophysical Journal*, 6.

Narlikar, J., & Arp, H. (1997). Time Dilation in the Supernova Light Curve and the Variable Mass Hypothesis. *THE ASTROPHYSICAL JOURNAL.*

Nicolle, J.-M. (s.d.). *La coïncidence des opposés.* Récupéré sur Nicolas de Cues (1401-1464): http://jm.nicolle.cusa.pagesperso-orange.fr/glossaire/coincidence.htm

Penrose, R. (1999). *Les deux infinis et l'esprit humain.* France: Flammarion.

Penrose, R. (2004). *The Road to Reality.* London: Jonathan Cape.

Penrose, R. (2007). *À la découverte des lois de l'Univers.* Paris: Odile Jacob.

Peter, P., & Uzan, J.-P. (2005). *Cosmologie primordiale.* France: Bélin.

Proulx, J. (2001, printemps). Retrouver la dimension cosmologique de la théologie chrétienne. *Théologiques, 9, (1), 49–70. https://doi.org/10.7202/005689ar*, pp. 49-70.

Proulx, J. (2009). *La chorégraphie divine - Essai sur le cosmos.* St-Laurent, Qc: Septentrion.

Proulx, J. (2011). *En quête de sens.* Montréal: Le Jour éditeur.

Sagan, C., & Mullen, G. (1972). Earth and Mars: Evolution of Atmospheres and Surface Temperatures. *Science.*

Sanjoy M. Som, R. B. (2016). Earth's air pressure 2.7 billion years ago constrained to less than half of modern levels. *Nature Geoscience.*

Séguin, M., & Villeneuve, B. (1995). *Astronomie et astrophysique.* Saint-Laurent, Qc: Éditions du Rrenouveau Pédagogique.

Seife, C. (2007). *Decoding the Universe.* United States: Pengouin books.

Smolin, L. (2007). *Rien ne va plus en physique!* Paris: Dunod.

Susskind, L. (1995). The World as a Hologram. *Journal of Mathematical Physics.*

Talbot, M. (2011). *The Holographic Universe.* New York: Harper Collins.

Thom, R., Castoriadis, C., Demaret, J., Lambert, D., Rocher, G., & Lane, G. (1994). *La Magie contemporaine - L'échec du savoir moderne.* Cap-St-Ignace, Qc: Québec/Amérique.

Valev, D. (2013). Three Fundamental Masses Derived by Dimensional Analysis. *American Journal of Space Science* (p. 5). Science Publications.

Wesson, P. S. (2003). *Is mass quantized.* Waterloo, CA: University of Waterloo.

Wilhelm, K., & Dwivedi, B. (2011). An Explanation of the Pioneer anomaly involving accelerated atomic clocks. *Astrophysics and Space Sciences Transactions,* 8.

Wilhelm, K., & Dwividi, B. (2013). Increase of the mean Sun–Earth distance caused by a secular mass accumulation. *Astrophys Space Sci.*

Made in the USA
Monee, IL
04 November 2026

67379303R00105